KB275822

San
Francisco

이창민 교수는 대표적인 도시 개발 및 도시 재생 연구자로, 한국부동산개발협회 최고경영자과정(ARP)과 차세대 디벨로퍼과정(ARPY)의 주임교수로 활동 중입니다. 30년 넘게 뉴욕, 런던, 파리 등 270여 개 도시의 개발 및 재생 사례를 면밀히 조사하며 도시 경제와 부동산 분야를 연구하고 있으며, 『스토리텔링을 통한 공간의 가치』(2020, 세종도서 교양부문 선정), 『도시의 얼굴』, 『사유하는 스위스』, 『해외인턴 어디까지 알고 있니』 등을 썼습니다. 또한 사단법인 공공협력원 재단의 원장으로서 지속가능한 지역 개발, 글로벌 인재 양성, 나눔 실천, 문화예술 발전에 기여하는 동시에 도시경제학 박사로서 유럽 도시문화공유연구소의 소장직을 맡아 세계 도시들의 문화 경제적 가치를 심도 있게 연구하고 있습니다.

 hh902087@gmail.com
https//travelhunter.co.kr
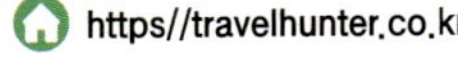 @chang.min.lee

도시의 얼굴 – 샌프란시스코

초판 1쇄 발행　　2024년 11월 15일

지은이　　이창민
펴낸이　　조정훈
펴낸곳　　(주)위에스앤에스(We SNS Corp.)

진행　　박지영, 백나혜
편집　　상현숙
디자인 및 제작　아르떼203(안광욱, 강희구, 곽수진) (02) 323-4893

등록　　제 2019-00227호(2019년 10월 18일)
주소　　서울특별시 서초구 강남대로 373 위워크 강남점 11-111호
전화　　(02) 777-1778
팩스　　(02) 777-0131
이메일　　ipcoll2014@daum.net

ISBN　　979-11-989407-0-4
세트　　979-11-978576-9-0

샌프란시스코

이창민 지음

(주)위에스앤에스
We SNS Corp.

《도시의 얼굴-샌프란시스코》를 펴내며

    오늘날 해외 여행이나 출장은 인근 지역으로 떠나는 일과 다름없는 일상적인 경험이 되었습니다. 인공지능(AI), 크라우드, 빅데이터, 사물인터넷(IoT)과 같은 정보통신 기술의 급격한 발전 덕분에 우리는 온라인과 오프라인에서 세계 어느 도시든 손쉽게 만날 수 있는 시대를 살아가고 있습니다. 젊었을 때 열심히 저축하고 나이가 들어 은퇴한 후에야 해외 여행을 계획했던 이전 세대와는 달리, 지금의 세대는 더욱 적극적이고 다양한 형태의 여행을 즐기고 있습니다. 이러한 변화는 단순히 여행 방식의 변화를 넘어, 도시와 도시민을 바라보는 우리의 관점에도 큰 영향을 미치고 있습니다.

    《도시의 얼굴 - 샌프란시스코》는 이러한 시대적 요구에 부응하여, 필자가 경험했고 기억하는 샌프란시스코라는 도시를 다각도로 조명하고, 그 속에 숨겨진 깊은 이야기를 독자들에게 전달하고자 합니다. 필자는 지난 30여 년 동안 70여 개국 이상의 국가를 방문하며 270여 개의 도시를 경험했고, 그 과정에서 각 도시가 지닌 고유한 얼굴과 정체성을 깨닫게 되었습니다. 각 도시의 얼굴은 그곳의 역사, 문화, 경제, 그리고 사회적 배경에 따라 형성되며, 이러한 다양성은 그 도시의 본질을 이루는 중요한 요소가 됩니다.

    샌프란시스코는 이러한 도시의 다양성과 독창성을 대표하는 상징적인 도시입니다. 19세기 골드 러시로 급성장한 이 도시는 서부의 경제적 중심지로 자리

잡았으며, 이후 반전 운동과 성소수자(LGBTQ+) 권리 운동의 중심지로서도 이름을 떨쳤습니다. 특히 샌프란시스코의 상징적인 랜드마크인 금문교는 그 웅장한 구조와 장엄한 경관으로 세계적으로 유명하며, 도시의 아이콘으로 자리 잡고 있습니다.

샌프란시스코는 문화와 예술의 중심지로, 현대 미술관과 많은 독립 갤러리들이 도시의 예술적 에너지를 대표합니다. 도시의 다양한 문화적 배경은 차이나타운과 미션 디스트릭트 같은 지역에서 잘 드러나며, 이러한 문화적 융합은 샌프란시스코를 독특하게 만드는 중요한 요소입니다.

최근 들어 샌프란시스코는 기술과 혁신의 중심지로, 실리콘 밸리와의 근접성 덕분에 세계적인 IT 및 스타트업 기업들이 모여 있는 곳으로 변모했습니다. 트위터, 우버, 에어비앤비와 같은 글로벌 기업들이 이곳에서 시작되었으며, 도시는 기술 혁신의 요람으로 자리매김했습니다. 그러나 이러한 발전의 이면에는 높은 임대료와 날로 깊어지는 사회적 격차 문제가 있으며, 이는 샌프란시스코가 직면한 새로운 도전입니다.

우리는 이러한 도시의 이야기를 통해 몇 가지 중요한 질문을 던질 필요가 있습니다. 우리는 어떤 도시에 살아야 하는가? 후손들에게 어떤 도시를 물려줄 것인가? 행복하고 아름답고 경쟁력 있는 도시는 누가 만드는가? 현대 사회에서 우리는 도시의 역할과 그 미래에 대해 깊이 생각해 보아야 할 시점에 와 있습니다. 도시화, 기술 발전, 인구 변화, 그리고 세계화는 우리가 살아가는 도시의 모습을 빠르게 변화시키고 있습니다.

도시는 단순히 사람들이 모여 사는 장소를 넘어, 미래의 가치를 실현하는 중요한 공간입니다. 지속가능한 지역사회로서, 도시는 모든 사람들이 협력하여 평등한 기회를 누리고 훌륭한 서비스를 제공받을 수 있는 곳이어야 합니다. 최근 전 세계의 주요 도시들은 경쟁력을 확보하기 위해 창의적인 아이디어를 반영한 혁신적 도시 개념을 도입하고 있으며, 우수한 인재를 유치하기 위한 다양한 인프라를 강화하고 있습니다. 특히 과학적 혁신을 기반으로 한 도시 발전은 재능 있는 인재들이 체류하고 근무할 수 있는 환경을 제공하는 데 중점을 두고 있습니다.

샌프란시스코와 같은 메트로폴리스는 항상 인류 발전의 원동력이 되어 왔습니다. 옥스퍼드의 석학 이언 골딘과 이코노미스트 톰 리-데블린은 《번영하는 도시, 몰락하는 도시》에서 "인류 문명의 발상지부터 현대에 이르기까지 도시가 인큐베이터 역할을 해 왔다"고 설명합니다. 그러나 21세기에 들어서면서 도시는 새로운 도전에 직면하고 있습니다. 불평등의 심화, 도시의 양극화, 그리고 기후 변화와 같은 문제들이 도시의 번영을 위협하고 있습니다. 세계화와 기술 진보는 세상을 더 평평하게 만들 것이라는 희망을 품게 했지만, 실제로는 그렇지 않았습니다. 오히려 세상은 점점 더 뾰족해지고 있습니다. 법률, 금융, 컨설팅과 같은 고임금 직종의 일자리는 소수의 도시에 집중되었고, 이로 인해 일반 서민들은 점점 도심에서 밀려나고 있습니다. 샌프란시스코와 같은 도시에서 이러한 경향은 더욱 뚜렷하게 나타나고 있습니다. 과거에는 천연자원이 풍부한 지역에 산업이 밀집되었지만, 이제는 지식 기반 산업이 주도하는 도시로 사람들과 기업들이 몰려들고 있습니다.

팬데믹 이후, 원격 근무의 확산은 도시의 상업 지역에 큰 충격을 주었고, 이는 도시의 경제와 사회적 구조에 깊은 영향을 미치고 있습니다. 이러한 변화 속에서 샌프란시스코와 같은 대도시는 새로운 방향성을 모색해야 합니다. 유연한

근무 환경과 창의적 상호작용의 조화를 이루기 위해 도시의 역할은 더욱 중요해졌으며, 지속가능한 발전을 위해서는 더 저렴한 주택과 효율적인 대중교통, 그리고 환경 친화적인 도시 개발이 필요합니다.

《도시의 얼굴 - 샌프란시스코》는 이러한 변화 속에서 샌프란시스코의 주요 랜드마크와 명소들뿐만 아니라, 그 이면에 숨겨진 이야기를 탐구합니다. 피셔맨스 워프, 금문교, 그리고 앨커트래즈섬과 같은 랜드마크들은 단순한 건축물이 아니라, 샌프란시스코의 역사와 현재, 그리고 미래를 잇는 중요한 연결 고리입니다. 이 책은 이러한 장소들이 어떻게 샌프란시스코의 정체성을 형성했는지, 그리고 앞으로 어떤 역할을 할 것인지를 조명합니다.

이 책이 단순히 샌프란시스코를 소개하는 데 그치지 않고, 도시가 어떻게 발전하고 변화하며, 또 어떤 도전에 직면하고 있는지 이해하는 데 도움이 되기를 바랍니다. 필자는 책에 담긴 내용들을 보다 현실감 있게 다루기 위해 현지 도시에 직접 여러 차례 방문하고, 그곳에서 체험하며 책을 집필했습니다. 도시를 사랑하고, 여행을 즐기며, 도시의 역사와 문화를 공부하는 모든 이들에게 이 책이 작은 영감이 되기를 기대합니다.

마지막으로, 이 책이 세상에 나올 수 있도록 아낌없는 격려와 지원을 보내 주신 한국 부동산개발협회 창조도시부동산융합 최고경영자과정(ARP)과 차세대 디벨로퍼 과정(ARPY) 가족 여러분, 그리고 김원진 변호사님, 정호경 대표님 등 사회 공헌 가치에 공감하고 동참해 주시는 공공협력원 가족 여러분, 1년여 동안 책의 출판을 위해 도와주셨던 아르떼203 여러분, 그리고 저를 아껴 주시는 모든 분들께 감사의 말씀을 전합니다.

샌프란시스코라는 도시의 특별한 얼굴을 발견하고 그 안에 담긴 이야기를 깊이 있게 이해하는 여정이 되기를 바랍니다.

2024년 11월 이 창 민

목차

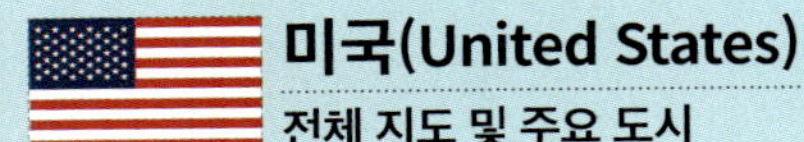

미국(United States)
전체 지도 및 주요 도시

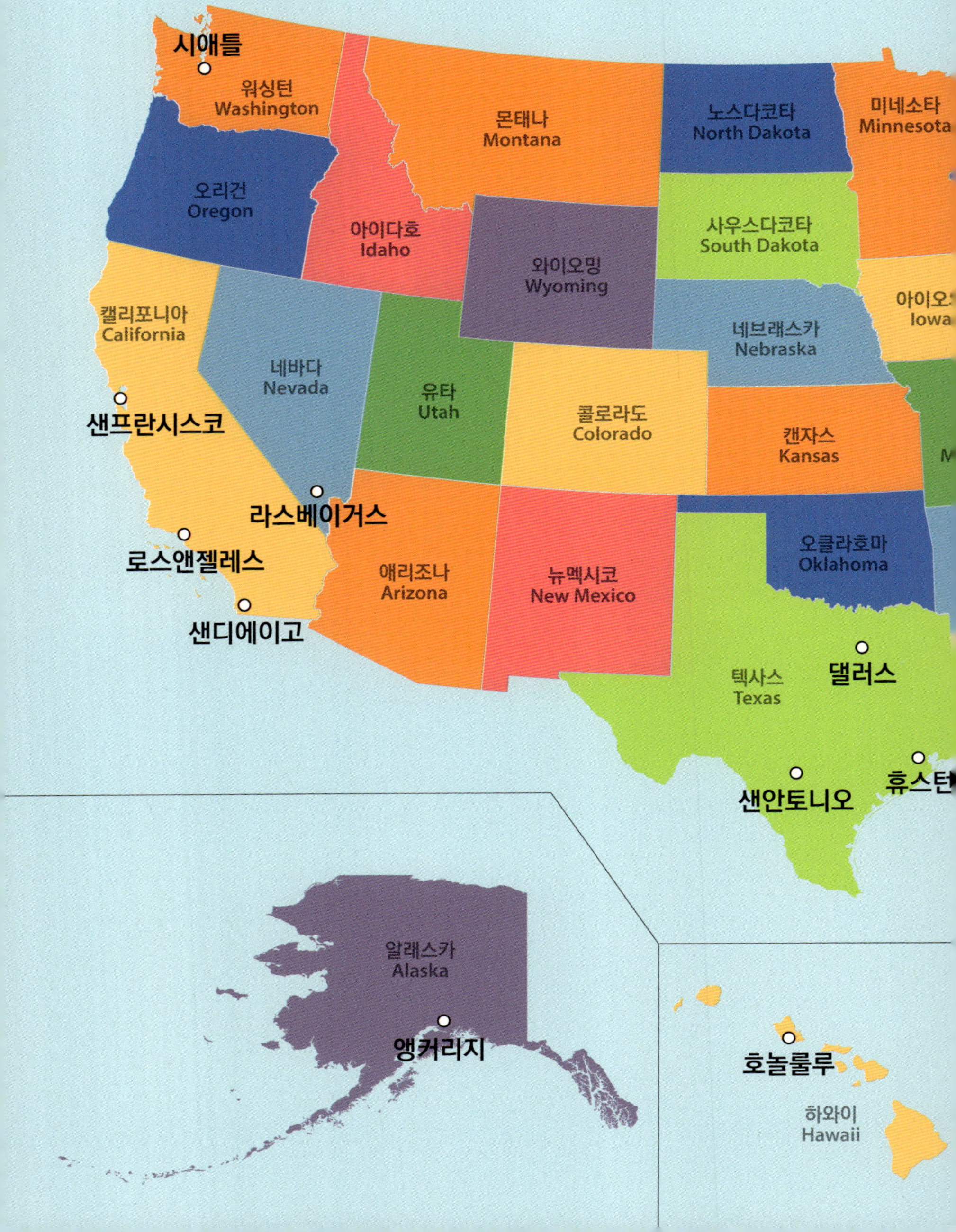

시애틀
워싱턴
Washington
몬태나
Montana
노스다코타
North Dakota
미네소타
Minnesota
오리건
Oregon
아이다호
Idaho
와이오밍
Wyoming
사우스다코타
South Dakota
아이오와
Iowa
캘리포니아
California
네바다
Nevada
유타
Utah
네브래스카
Nebraska
샌프란시스코
콜로라도
Colorado
캔자스
Kansas
라스베이거스
로스앤젤레스
애리조나
Arizona
뉴멕시코
New Mexico
오클라호마
Oklahoma
샌디에이고
텍사스
Texas
댈러스
샌안토니오
휴스턴
알래스카
Alaska
앵커리지
호놀룰루
하와이
Hawaii

뉴햄프셔
New Hampshire
웨스트버지니아
West Virginia
버몬트
Vermont
메인
Maine
매사추세츠
Massachusetts
뉴욕
New York
로드아일랜드
Rhode Island
시카고
미시간
Michigan
스콘신
sconsin
펜실베이니아
Pennsylvania
뉴욕
코네티컷
Connecticut
인디애나
Indiana
오하이오
Ohio
워싱턴 D.C
뉴저지
New Jersey
일리노이
Illinois
켄터키
Kentucky
버지니아
Virginia
델라웨어
Delaware
테네시
Tennessee
노스캐롤라이나
North Carolina
메릴랜드
Maryland
앨라배마
Alabama
애틀랜타
사우스캐롤라이나
South Carolina
미시시피
Mississippi
조지아
Georgia
이지애나
uisiana
플로리다
Florida
마이애미

1

미국 개황

미합중국
(The United States of America)

1. 미국 개요

- **면적** - 937만 2,610km²(한반도의 45배)
- **수도** - 워싱턴 D.C.(Washington, District of Columbia)
- **인구** - 3억 3,491만 4,895명(2023년 기준)
- **민족** - 백인(60.1%), 히스패닉(18.8%), 흑인(12.2%), 아시아인(5.4%), 인도인(0.7%), 하와이 원주민(0.2%), 기타(2.7%)
- **기후** - 아열대~한대에 이르기까지 다양한 기후 조건
- **언어** - 영어(공용어, 일부 지역은 스페인어도 통용)
- **종교** - 개신교(42%), 가톨릭(21%), 불가지론(6%), 무신론(5%), 몰몬교(2%), 유대교(1%), 이슬람교(1%), 힌두교(1%), 불교(1%), 기타(1%), 무교(19%)
- **GDP** - 27조 3,578억 달러(2023년)
- **(1인당 GDP)** 8만 1,632달러(2023년)

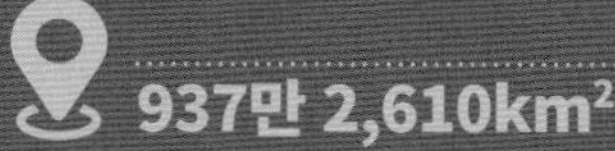
937만 2,610km²

3억 3,491만 4,895명

27조 3,578억 달러

정부 형태 - 대통령 중심제
국가 원수 - 조 바이든(Joe Biden, 1942년생)
　　　　　※ 2021년 1월 20일 취임
선거 형태 - 간접선거
주요 정당 - 공화당/민주당
　　기타 - ※ 상하 양원제(상원 100석, 하원 435석)
　　　　　대통령은 선거를 통해 연임 가능(3선은 헌법으로 금지), 임기는 4년

백악관*

조 바이든
대통령*

3. 미국 약사(略史)

연도	역사 내용
1492	컬럼버스 서인도 제도 발견
1570	영국인 드레이크, 서인도 제도 항해
1612	네덜란드인이 뉴 암스테르담(뉴욕) 건설
1619	메이플라워 호 상륙
1629	매사추세츠 식민지 건설
1636	하버드 대학 창립
1689	영국과 프랑스의 식민지 전쟁 시작(~1697년)
1732	조지아 식민지 건설로 13개 영국 식민지 확정
1767	영국 제품 불수입 협정 운동 시작
1773	보스턴 차 사건
1775	독립 혁명 전쟁 시작, 식민지군과 영국군 무력 충돌, 워싱턴 총사령관 선임
1776	13개 주 독립 선언
1777	대륙회의에서 연합규약 가결, 국호 아메리카 합중국, 아메리카 - 프랑스 동맹
1781	연합규약 각 주에서 추진, 요크타운 전투에서 영국군을 상대로 대승
1783	영미 파리조약에서 미국 독립 승인
1789	미합중국 정식 발족, 워싱턴, 초대 대통령에 취임
1803	프랑스로부터 루이지애나 매입
1819	스페인과의 조약으로 플로리다 병합
1836	텍사스 멕시코로부터 독립, 공화국 설립
1845	텍사스주 미국에 합병
1846	미-멕시코 전쟁 시작
1848	골드 러시의 시작
1860	링컨, 대통령 당선
1862	자영농집법 제정, 노예해방 선언
1863	게티즈버그 전투, 남군 대패
1865	링컨 사망, 반흑인단체 KKK 결성
1867	러시아로부터 알래스카 매입

1898	쿠바 독립, 하와이 병합
1900	금본위제 채택
1910	루스벨트, '뉴 내셔널리즘' 발표
1917	제1차 세계대전 참전
1929	경제 대공황 시작
1933	뉴딜 정책
1941	일본군 진주만 공격, 제2차 세계대전 참전
1945	유엔헌장 성립, 일본에 원폭 투하
1949	북대서양조약기구(NATO) 설립
1950	한국전쟁 참전(~1953년)

출처: www.shutterstock.com

1963	인종 차별 반대 흑인 시위 시작
1965	베트남 전쟁 참전(~1975년)
1968	킹 목사 피살, 흑인 폭동 속발
1969	아폴로 11호 발사, 베트남전 반대 시위

1979	미-중 국교 정상화
1984	LA 올림픽 개최
1985	냉전 종식 선언
1994	북미자유무역협정(NAFTA) 발표
2001	9.11 사태 발생
2003	이라크 침공, 사담 후세인 생포
2008	버락 오바마, 대통령 당선(2012년 재선)
2016	도널드 트럼프, 대통령 당선
2020	조 바이든, 대통령 당선

4. 미국 행정구역(지역 정보 - 50주)

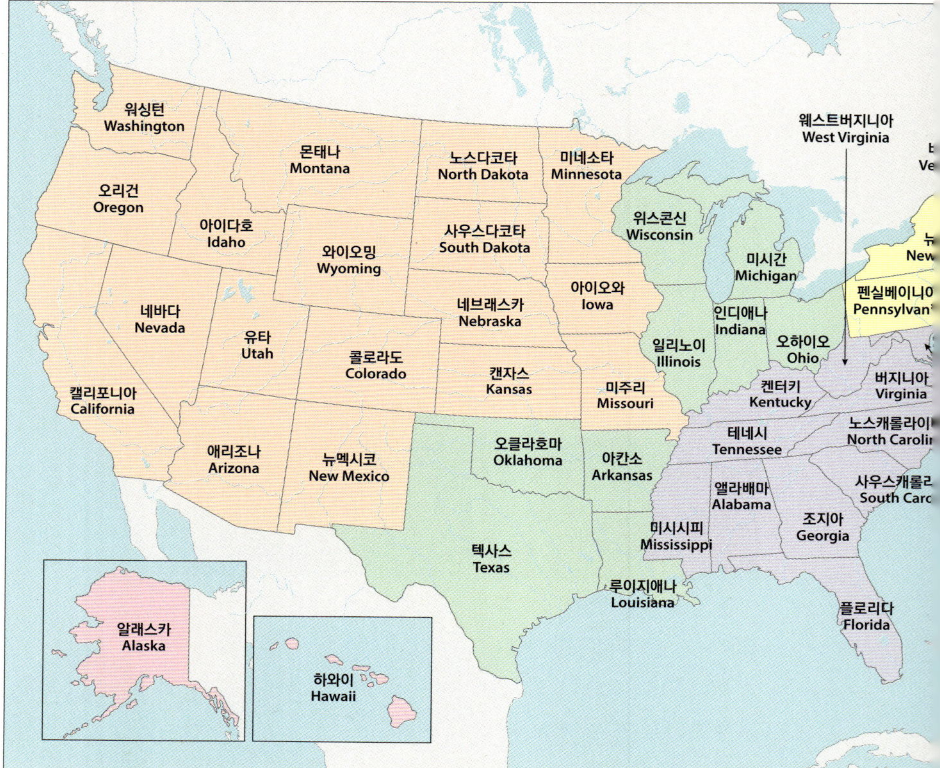

동부	뉴잉글랜드(6주)	메인(ME), 뉴햄프셔(NH), 버몬트(VT), 매사추세츠(MA), 로드아일랜드(RI), 코네티컷(CT)
	중앙(3주)	뉴욕(NY), 뉴저지(NJ), 펜실베이니아(PA)
남부	남동부(4주)	델라웨어(DE), 메릴랜드(MD), 버지니아(VA), 웨스트버지니아(WV)
	동남 중앙(8주)	노스캐롤라이나(NC), 사우스캐롤라이나(SC), 조지아(GA), 플로리다(FL), 켄터키(KY), 테네시(TN), 앨라배마(AL)
중부	서남 중앙(4주)	아칸소(AR), 루이지애나(LA), 텍사스(TX), 오클라호마(OK)
	동북 중앙(5주)	미시건(MI), 오하이오(OH), 인디애나(IN), 위스콘신(WI), 일리노이(IL)
서부	서북 중앙(7주)	미네소타(MN), 아이오와(IA), 캔자스(KS), 노스다코타(ND), 사우스다코타(SD), 미주리(MO), 네브래스카(NE
	산악(8주)	몬태나(MT), 와이오밍(WY), 네바다(NV), 아이다호(ID), 콜로라도(CO), 유타(UT), 뉴멕시코(NM), 애리조나(A
	태평양(3주)	워싱턴(WA), 오리건(OR), 캘리포니아(CA)
기타(2주)		하와이(HI), 알래스카(AK)
특별구		컬럼비아 특별구(=워싱턴D.C.)

◾ 지역 특성 개요

출처: www.shutterstock.com

동부

- 앵글로계 백인들이 가장 먼저 정착
- 미국의 가장 오래된 문화유산 다수 존재
- 지역 성향은 산업화와 노예 문제를 겪으며 진보적
- 대도시 간 거리가 다른 지역보다 좁아 인구밀도 높음
- 미국 경제의 중심지, 생활 수준이 높고 문화 발달
- 전형적인 도시 지역들로 생활 속도가 빠름
- 주요 도시: 뉴욕, 필라델피아, 보스턴

출처: www.shutterstock.com

남부

- 지역 성향은 보수적이고 종교적
- 대도시(텍사스 주)와 타 도시 간 경제적 수준 차이가 큼
- 도시 생활보다는 야외, 근교 생활 선호 경향
- '레드넥'이라고 불리는 저학력, 저임금, 저소득 백인 농민층 다수 거주
- 가족 단위 문화 선호
- 주요 도시: 휴스턴, 애틀랜타, 마이애미

출처: www.shutterstock.com

중부

- 오대호 연안과 그 주변의 주들을 포함
- 대규모 공업지역이 형성되며 발전했으나, 제조업의 쇠퇴와 함께 몰락한 도시가 상당수
- 계절별 기후 차가 심하고 여름에는 덥고 겨울에는 눈이 많이 오는 등 극단적
- 주요 도시: 시카고, 디트로이트, 세인트루이스

출처: www.shutterstock.com

서부

- 태평양 지역과 산악 지역으로 나뉨
- 산악 지역은 국립공원 지정 구역이 많고 인구밀도가 낮음
- 태평양 지역은 IT, 전자 기술 집약 단지
- 태평양 지역은 진보적이고 산악 지역은 보수적
- 연중 온화한 기후, 생활 속도 여유로운 편
- 미국 내에서 개방적이고 진보적인 성향
- 주요 도시: 샌프란시스코, 로스앤젤레스, 시애틀

5. 경제적 특징

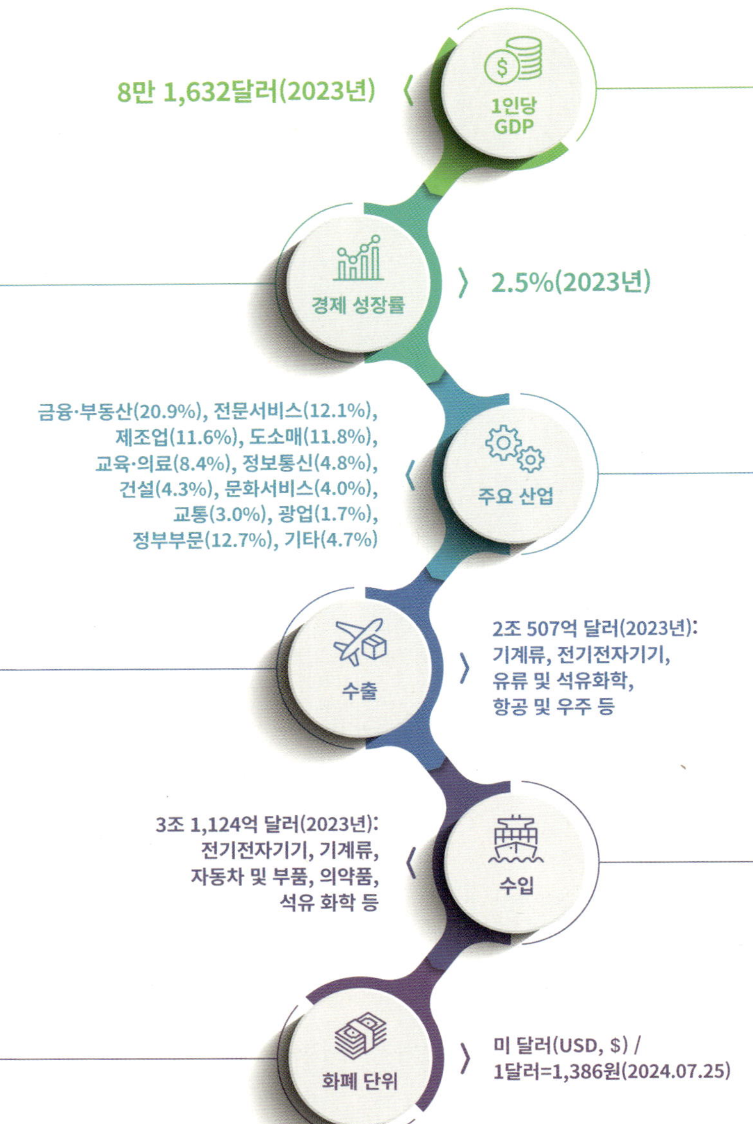

1인당
GDP
8만 1,632달러(2023년)
경제 성장률
2.5%(2023년)
주요 산업
금융·부동산(20.9%), 전문서비스(12.1%),
제조업(11.6%), 도소매(11.8%),
교육·의료(8.4%), 정보통신(4.8%),
건설(4.3%), 문화서비스(4.0%),
교통(3.0%), 광업(1.7%),
정부부문(12.7%), 기타(4.7%)
수출
2조 507억 달러(2023년):
기계류, 전기전자기기,
유류 및 석유화학,
항공 및 우주 등
수입
3조 1,124억 달러(2023년):
전기전자기기, 기계류,
자동차 및 부품, 의약품,
석유 화학 등
화폐 단위
미 달러(USD, $) /
1달러=1,386원(2024.07.25)

- ▣ 개인주의
  - 가족 간의 관계가 중요하고 각 집단에 대한 소속감이 있는 것이 사실이지만 개인과 개인의 권리가 무엇보다도 중요
- ▣ 경쟁주의
  - 미국인들은 성취에 높은 가치를 부여, 이러한 특성 때문에 서로 끊임없이 경쟁
  - 스포츠나 사업에서뿐만 아니라 일상적인 일에서도 점수나 기록에 집착하는 경우가 많음
  - 둘러 말하는 표현법으로 대답하지만, 속뜻은 거절을 의미
- ▣ 사회적 관습
  - 다른 나라들의 경우보다 격의 없이 이름을 부르는 것이 더 흔함
  - 미국인들은 친근하게 행동하는 것으로 유명, 심지어 전혀 모르는 사람에게도 격의 없이 그리고 편하게 대함

7. 비즈니스 매너 및 에티켓

- ▣ 기본 사항
  - 복장: 상대방에게 신뢰감을 줄 수 있는 격식 있는 옷차림이 좋으며, 정장은 미팅 룩의 기본으로 상하의 같은 원단으로 맞춰 입어 통일감을 주는 것이 좋음. 다크 네이비나 그레이가 적당, 셔츠는 깔끔한 흰 셔츠
  - 관계: 미국 사람들은 최상의 조건에서 거래하는 것에 대해서만 주목하기 때문에 관계 형성은 중요하지 않고 다양한 인종과 민족 출신의 사람들로 구성되어 비교적 비즈니스 매너의 형식적인 측면에서는 너그러움
  - 의사소통: 해당 분야에 대한 완벽한 이해를 요구하며 상품의 서비스나 장점, 기타 특징 등 세부적인 사항까지 논리적이고 합리적인 설명

■ 약속

- 철저한 시간 약속, 지키지 못할 상황 시 바로 알려주고 양해를 구해야 함
- 약속은 최소 1주일 전, 지키지 못할 경우도 최소 1주일 전에 조정할 것
- 미팅은 아침·점심 시간을 이용하고, 저녁은 개인적 시간임을 유의

■ 선물·식사

- 돈을 주고받거나 50달러 이상의 선물을 주고받을 경우는 뇌물이며 위법
- 선물의 종류로는 책과 과일 바구니, 꽃이나 화분 등이 일반적
- 개인적인 식사는 저녁. 와인 등의 작은 선물이나 서신 발송 예의, 팁 문화와 휴대폰 예절 주의
- 적절한 선물 선택과 배려하는 식사 매너 준비가 중요

■ 인사·대화

- 인사를 할 때는 일어나서 악수하며 눈을 맞추는 것이 예의
- 침묵 상태를 오래 유지하는 것은 피하기
- 애매모호한 표현은 금물
- 상황에 알맞은 적당한 몸짓, 손짓 등 비언어 커뮤니케이션과 대화 기술 적용

■ 비즈니스 협상 시 유의 사항

- 높지 않은 권력 격차 지수(지위의 높고 낮음이 발언하는 데 큰 문제가 되지 않음)
- 높은 개인주의, 남성성도 높은 편(성취에 대한 의욕 강함)
- 개인주의 성향이 강하고 체면의 중요성이 낮은 미국 사람은 비즈니스 협상을 할 때 갈등 상황이 생기는 것을 꺼려하지 않음. 만족한 결과가 나올 때까지 협상

  ※ 갈등을 겪는 경우 이에 대해 잘 설명하면 금방 받아들임

- 미국 사람은 상대적으로 새로운 안건이 나와서 변화된 태도와 모습으로 나간다면 상대방에 대한 신뢰도가 회복되는 것은 빠른 편
- 객관적인 데이터와 체계적인 논리가 뒷받침된 제안서를 바탕으로 이성적으로 설득하는 것이 중요

2

샌프란시스코 개황

1. 개요

도시명	샌프란시스코
정식 명칭	City and County of San Francisco
소속주	캘리포니아
설립일	1776년 6월 29일
면적	121.51km^2
인구	80만 8,437명(2022년 기준)
인구밀도	7,194.88명/km^2
기후	평균적으로 따뜻하고, 여름은 비가 적고 서늘하고, 겨울은 비가 많고 따뜻한 지중해성 기후
GDP	6,547억 달러(2022년 기준) 1인당 GDP: 31만 2,000달러
인종	백인(48.1%), 아시안(33.3%), 아프리카계 흑인(6.1%), 혼혈(4.7%) 등
시장	런던 브리드(샌프란시스코 첫 흑인 여성 시장, 민주당 소속)
공용어	영어
위치 (캘리포니아주)	

지리적 특징	- LA가 추월하기 전까지 태평양 연안 제1의 도시였음
	- 샌프란시스코 반도 끝에 위치하여 서쪽으로 태평양,
	  동쪽으로 샌프란시스코만, 북쪽으로 골든게이트 해협과 접하고 있는
	  천혜의 조건을 갖춘 항만

■ 주요 특징

- 미국 캘리포니아주 북부에 위치한 도시로 미국 서부의 행정, 금융, 교역, 문화의 중심지이며 연간 200만 명이 찾아오는 국제 관광 도시
- 1849년 캘리포니아 골드 러시(gold rush)로 크게 성장, 미국 서해안에서 가장 큰 도시
- 제2차 세계대전 기간 동안 태평양 전장으로 나가는 군인들을 수송하는 거점 항구
- 미국 자유주의 운동의 중심지이자 보헤미안 도시임
  · 제2차 세계대전 이후 반전·평화주의, 성소수자(LGBT) 운동 등을 통한 표현 다양성의 존중과 권익 수호, 이민자 급증, 반체제 문화와 예술의 성지로 부상
  · 자유롭고 대안적인 삶을 위한 은신처와 같은 활동주의와 보헤미안 도시의 정체성을 가지게 됨
- 샌프란시스코와 그 주변 지역은 '샌프란시스코 베이 에어리어(San Francisco Bay Area)'라 불림. 미국에서 다섯 번째로 큰 광역 도시권이자 최고의 하이테크 산업 집적지
  · 트위터(Twitter)·우버(Uber)·핀터레스트(Pinterest)·드롭박스(Dropbox) 같은 아이디어 기술 기반형 스타트업 본사들이 위치하고 있음
  · 높은 고용률과 좋은 삶의 질을 가진 도시, 스타트업과 기술 친화적인 도시라는 정체성과 이미지로 변신 성공
  · 이러한 변화의 과정 속에서 날로 깊어가는 사회적 격차, 치솟는 임대료, 기존의 주민·상권·문화가 배제되고 쫓겨나는 것에 대해서 많은 주민들, 활동가와 예술가 등이 반 젠트리피케이션 운동을 함

※ 샌프란시스코가 최고의 도시로 각광받는 이유
  샌프란시스코는 아름다운 자연 경관, 최첨단 기술 및 혁신, 세계적인 음식, 풍부한 축제, 월드 챔피언 자이언트 야구팀, 시민의 자부심과 참여, 음악, 그레이트 와인과의 근접성, 적당한 날씨, 개성과 자유로움이 가득한 도시임

2. 캘리포니아 베이 에어리어

도시	인구	도시	인구
샌프란시스코(San Francisco)	873,965	콘트라 코스타(Contra Costa)	1,165,927
마린(Marin)	250,666	알라메다(Alameda)	1,682,353
소노마(Sonoma)	488,863	산타 클라라(Santa Clara)	1,936,259
나파(Napa)	138,019	샌머테이오(San Mateo)	764,442
솔라노(Solano)	453,491		

• 캘리포니아 베이 에어리어 지도 및 지역별 인구수

▣ 캘리포니아의 베이 에어리어(Bay Area)는 샌프란시스코만을 포함하는 것이 아니라 샌프란시스코 베이를 둘러싸고 있는 광범위한 지역을 말함

▣ 이 지역은 높은 기업 밀집도와 기술 산업 중심지로 유명하며 다양한 문화적 요소와 관광 명소를 포함하고 있음

▣ 오클랜드, 산호세 등 캘리포니아의 주요 도시들이 포함되며 세계적으로 유명한 기업들이 본사를 두고 있는 실리콘 밸리도 포함됨

▣ 실리콘 밸리를 중심으로 IT 기업들이 집중되어 있고, 벤처 캐피털과 스타트업 생태계가 발달하고 있음

▣ 지역별 주요 특성

구분	내용
샌프란시스코	- 베이 에어리어의 중심지이자 캘리포니아주의 주요 도시 중 하나 - 경제, 기술 기업, 금융 기업, 문화 예술 등이 발달
마린	- 샌프란시스코의 북서쪽에 위치, 샌프란시스코와 금문교로 이어진 카운티 - 건축가 프랭크 로이드 라이트가 설계한 마린 카운티 시민 센터가 랜드마크임
소노마	- 베이 에어리어 최북단에 있는 카운티, 가장 큰 도시는 산타 로사 - 캘리포니아의 유명한 와인 생산지이며 농업 생산성이 높음
나파	- 산 파블로 베이의 북쪽에 있는 카운티 - 다양한 작물의 생산지였으며 오늘날 지역 와인 산업으로 알려져 있음
솔라노	- 아메리카 원주민 부족인 수이순족의 추장 솔라노의 이름을 따서 지어짐 - 헤이스팅스 광산, 세인트 존스 광산 등 비활성 광산이 있음
콘트라 코스타	- 이스트 베이(East Bay) 북부를 차지하고 있으며 주로 교외에 있음 - 디아블로 산맥의 북쪽 끝에 있는 디아블로 산이 자연 랜드마크
알라메다	- 캘리포니아에서 7번째로 인구가 많으며 이지 베이(Easy Bay) 대부분을 차지함 - 스페인어로 포플러 숲, 가로수가 늘어선 거리를 의미함
산타 클라라	- 베이 에어리어에서 가장 인구가 많은 카운티 - 첨단 기술의 경제 중심지이자 미국 서부 해안에서 가장 부유한 카운티
샌머테이오	- 샌프란시스코의 남쪽에 위치, 샌프란시스코 국제공항이 있음 - 주택, 기업, 캠퍼스 등이 있는 빌딩 지역은 대부분 교외에 있음

3. 샌프란시스코 행정구역

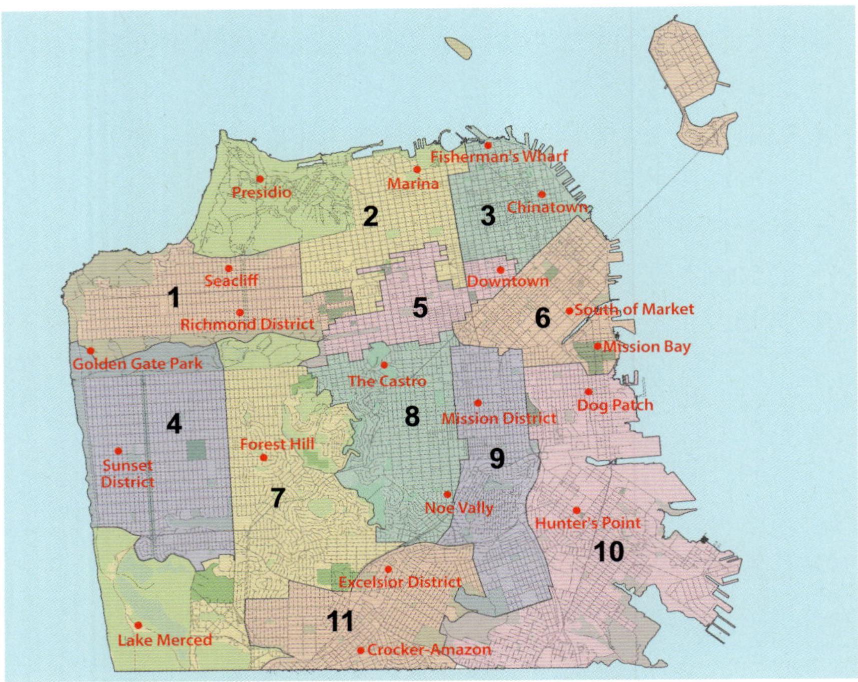

• 샌프란시스코 행정구역   출처: Citywide Precinct Map July 2022.pdf(이하 샌프란시스코 행정구역은 출처 동일)

■ 샌프란시스코는 총 11개의 행정 및 정치 구역으로 나누어지며 각 구역은 지방의회를 구성하는 구역별 대표 슈퍼바이저(Supervisors)를 가지고 있음

■ 각각의 구역은 고유한 특징과 문화를 갖고 있으며 대표 슈퍼바이저들은 샌프란시스코 시민들을 대표하여 정책을 결정하고 도시의 다양한 사안에 관여함

1) 1구역

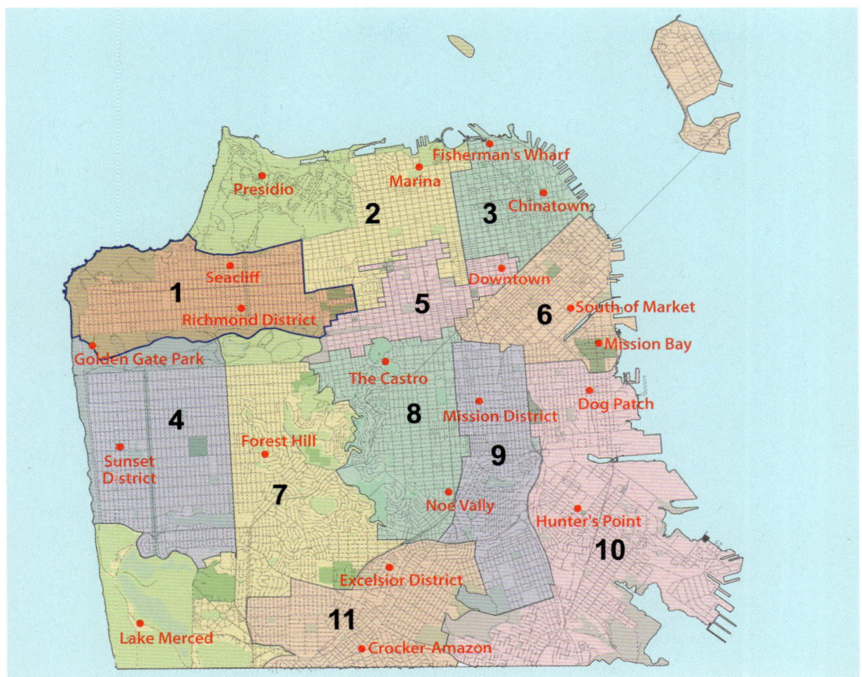

• 샌프란시스코 1구역

■ 인구: 7만 2,848명

■ 대표 지역 및 명소: 리치몬드 지구, 시클리프 지역 등

■ 비교적 완만한 언덕을 지닌 구역으로 다양한 야외 활동을 즐길 수 있음

■ 녹지 공간이 발달하여 아름다운 자연 경관을 감상할 수 있음

■ 주로 백인이 거주하고 부유한 지역을 포함하고 있음

2) 2구역

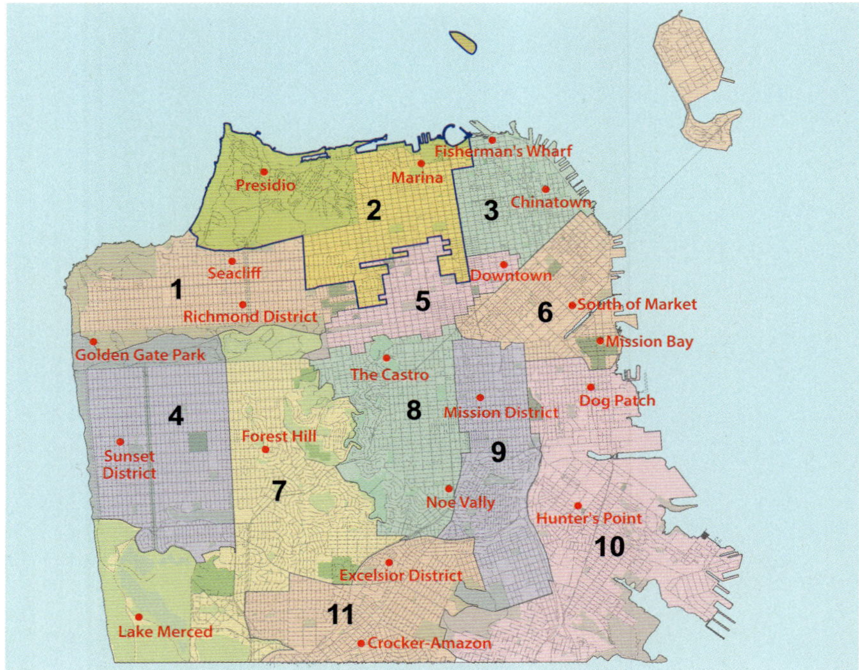

• 샌프란시스코 2구역

■ 인구: 7만 6,363명

■ 주요 지역 및 명소: 프레시디오, 마리나 지역 등

■ 최고의 금문교 전망을 자랑하고 잔디밭이 펼쳐지며 살기 좋은 구역으로 꼽힘

■ 부유한 인구가 거주하는 우아한 지중해 스타일의 주택과 아파트가 늘어서 있음

3) 3구역

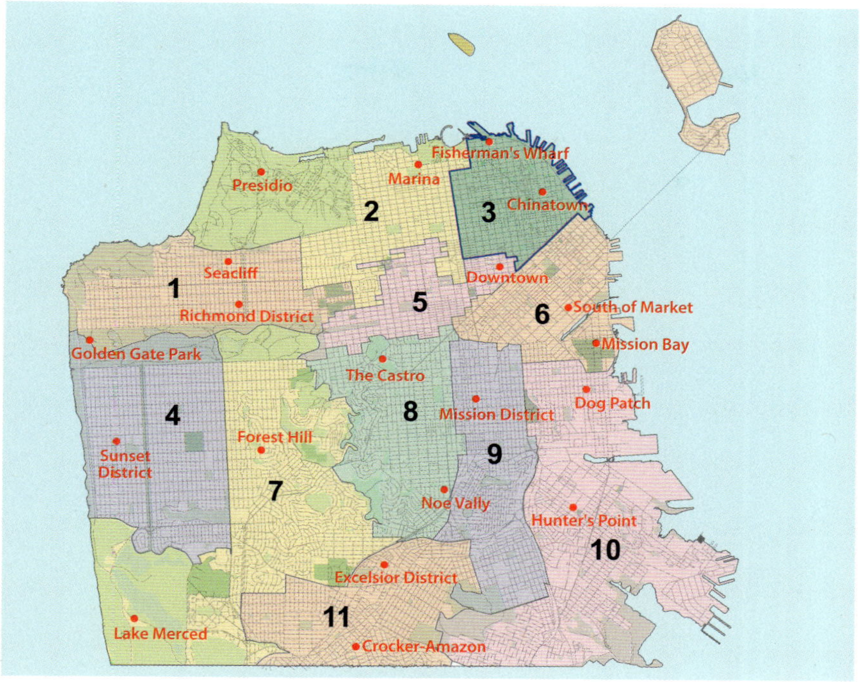

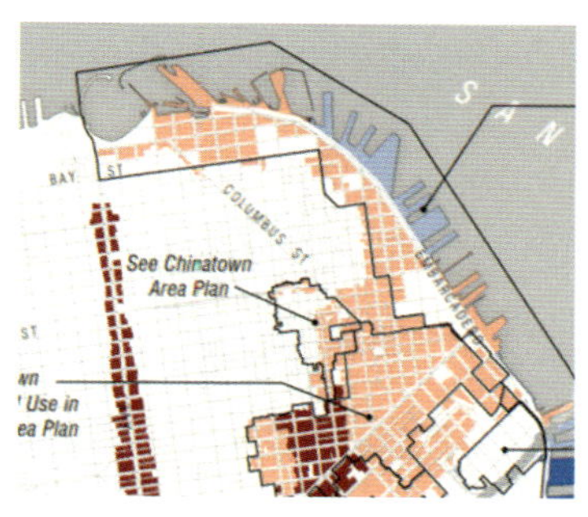

• 샌프란시스코 3구역

주요 상업 및 금융 중심지
■ 쇼핑가
■ 상업 및 서비스

- 인구: 7만 2,474명
- 주요 지역 및 명소: 노스 비치, 차이나 타운 등
- 주요 상업 및 금융 중심지이며 문화 센터로서의 역할도 수행함
- 차이나 타운에는 상당한 비율의 샌프란시스코 중국인들이 거주함
- 주요 상업 및 금융 지역 위치

4) 4구역

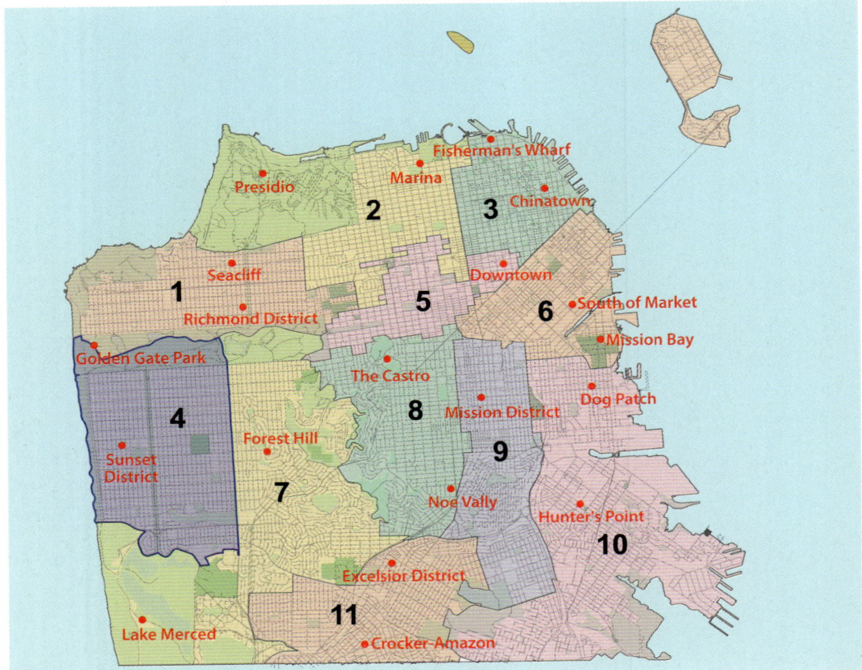

• 샌프란시스코 4구역

- ■ 인구: 7만 2,784명

- ■ 주요 지역 및 명소: 선셋 구역 등

- ■ 바다까지 뻗은 모래 언덕으로 이루어진 선셋 구역으로 알려져 있음

- ■ 가족 중심이며 단독 주택, 가족 소유의 사업체들은 공동체적인 느낌을 줌

- ■ 북쪽으로는 골든 게이트 파크(Golden Gate Park), 남쪽으로는 머세드(Merced) 호수로 둘러싸여 있음

5) 5구역

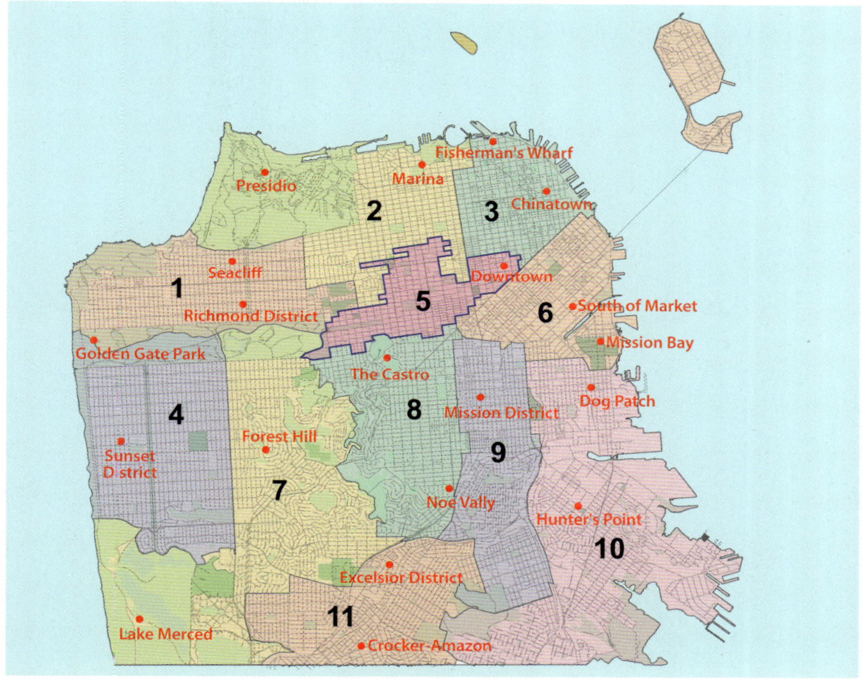

• 샌프란시스코 5구역

◼ 인구: 8만 667명

◼ 주요 지역 및 명소: 텐더로인, 재팬타운 등

◼ 역사적으로 샌프란시스코의 재즈 중심지 중 하나로 특히 1940~1950년대에는 많은 재즈 클럽이 번성했지만 시간이 지나면서 경제적, 사회적 변화로 인해 대부분 쇠퇴함

◼ 페인티드 레이디스(Painted Ladies)와 같이 훌륭한 빅토리아 양식의 가옥이 존재함

6) 6구역

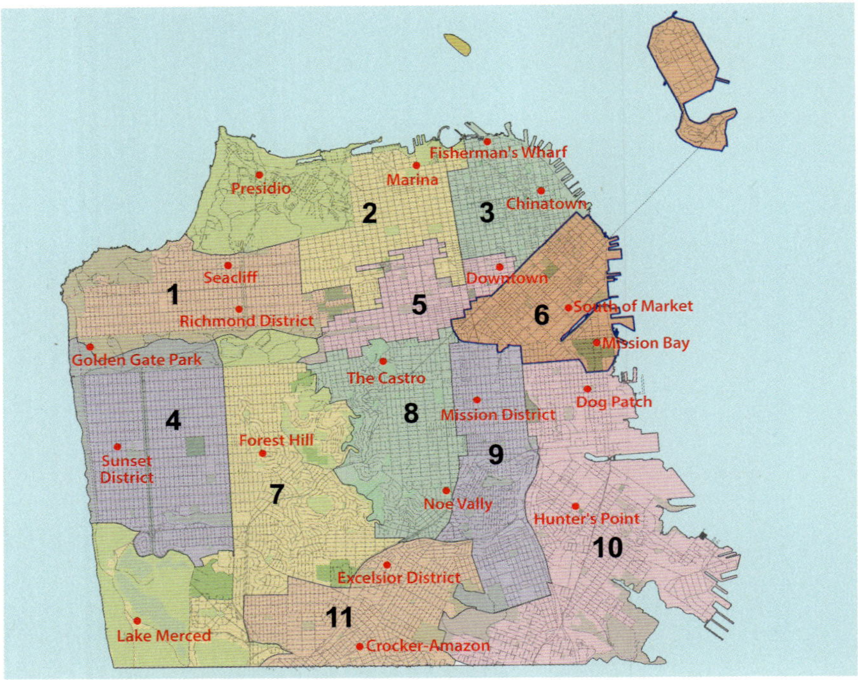

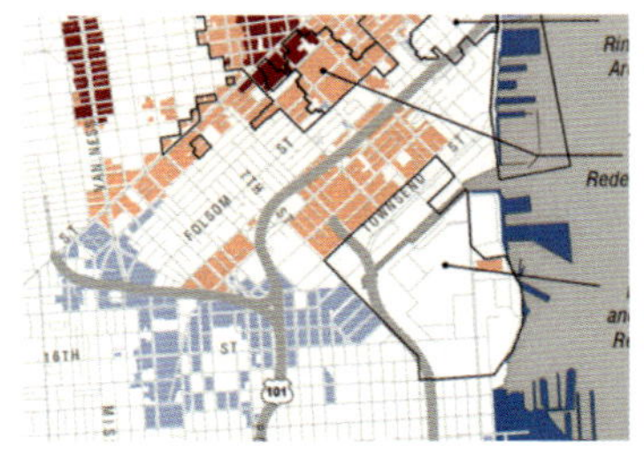

• 샌프란시스코 6구역

경공업
상업 및 서비스

▣ 인구: 10만 3,564명

▣ 주요 명소 및 지역: 다운타운, 사우스 오브 마켓, 미션 베이 등

▣ 유니언 스퀘어는 상업 중심지로 주요 호텔과 백화점이 밀집되어 있음

▣ 경공업·서비스 및 상업 구역 위치

7) 7구역

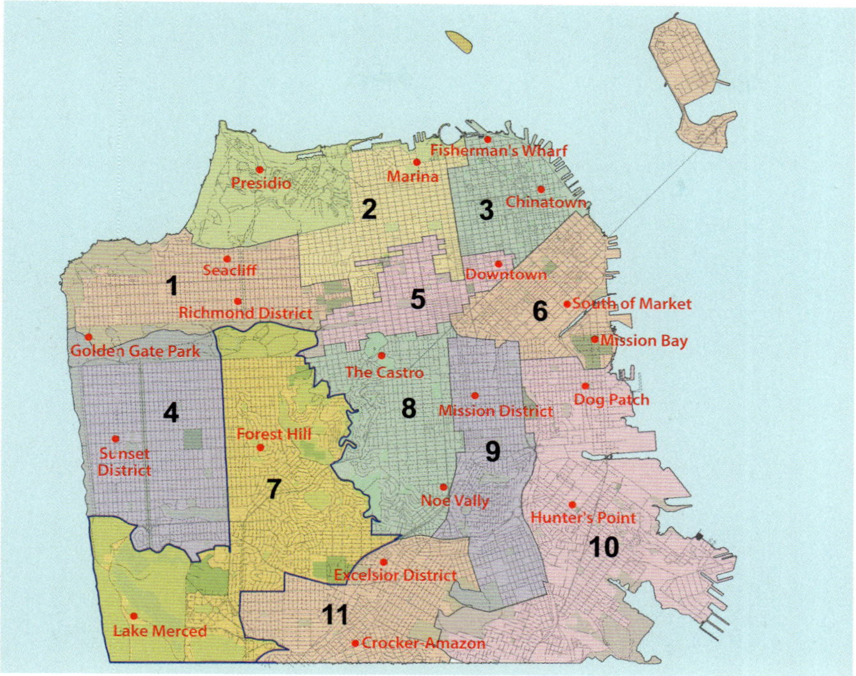

• 샌프란시스코 7구역

◾ 인구: 7만 5,436명

◾ 주요 지역 및 명소: 포레스트 힐, 머시드 호수 등

◾ 말 농장과 경마장이 많으며 다른 오래된 동네보다 교외의 느낌을 자아냄

◾ 대부분 소규모 주택 단지들로 중산층이 저렴한 단독 주택에서 거주함

◾ 녹지 공간 및 쇼핑가 위치(왼쪽-녹지 공간 위치/오른쪽 쇼핑 공간 위치)

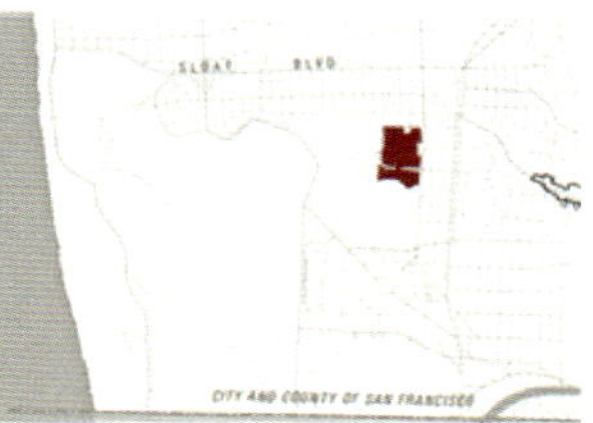

8) 8구역

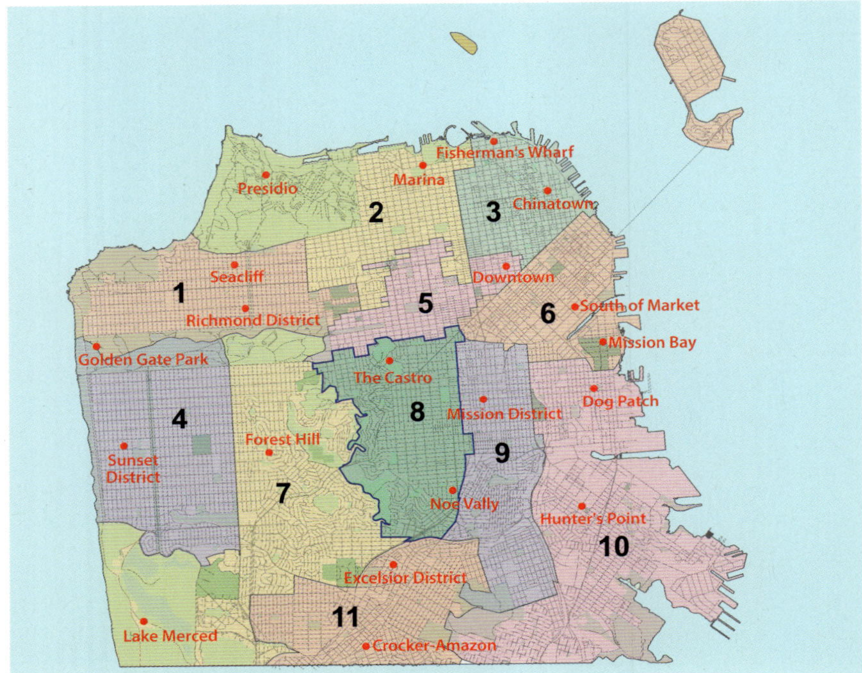

• 샌프란시스코 8구역

▣ 인구: 8만 2,418명

▣ 주요 지역 및 명소: 카스트로, 노밸리 등

▣ 샌프란시스코의 중심에 있는 구역으로 다채로운 인구와 주택을 지님

▣ 샌프란시스코는 전반적으로 안개가 많은 도시로 유명하지만 8구역은 상대적으로 안개의 영향을 덜 받아 날씨가 비교적 맑아 주민과 관광객 모두에게 인기 있음

9) 9구역

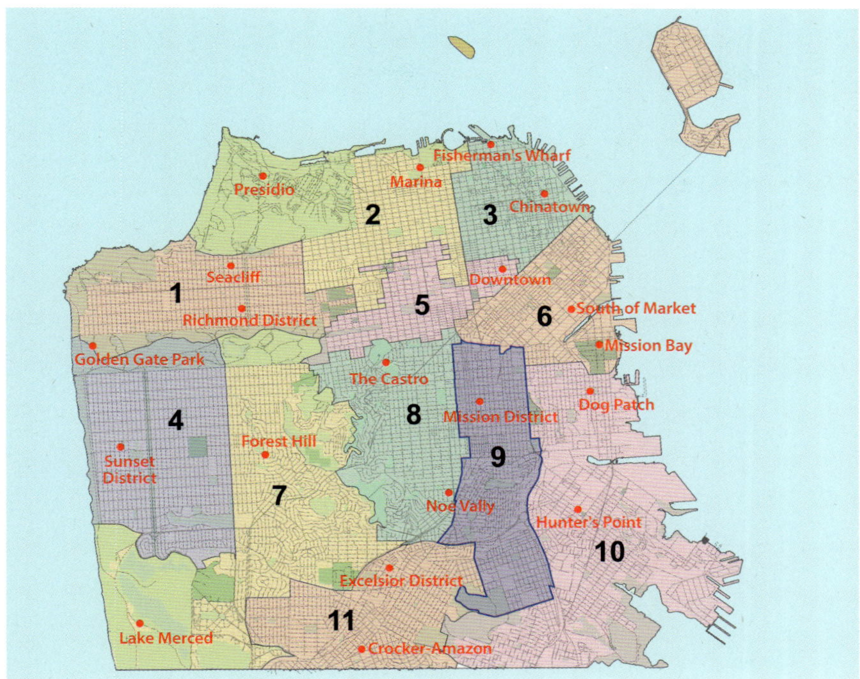

• 샌프란시스코 9구역

◼ 인구: 7만 5,829명

◼ 주요 지역 및 명소: 미션 지구, 버널 하이츠 등

◼ 다양한 가게, 카페 및 바들이 가득한 번화가가 있음

◼ 금문교, 다운타운, 베이 브리지 등 샌프란시스코 전역을 한눈에 조망할 수 있는 가장 큰 공원 중 하나로 알려진 버널헤이츠 공원이 있음

10) 10구역

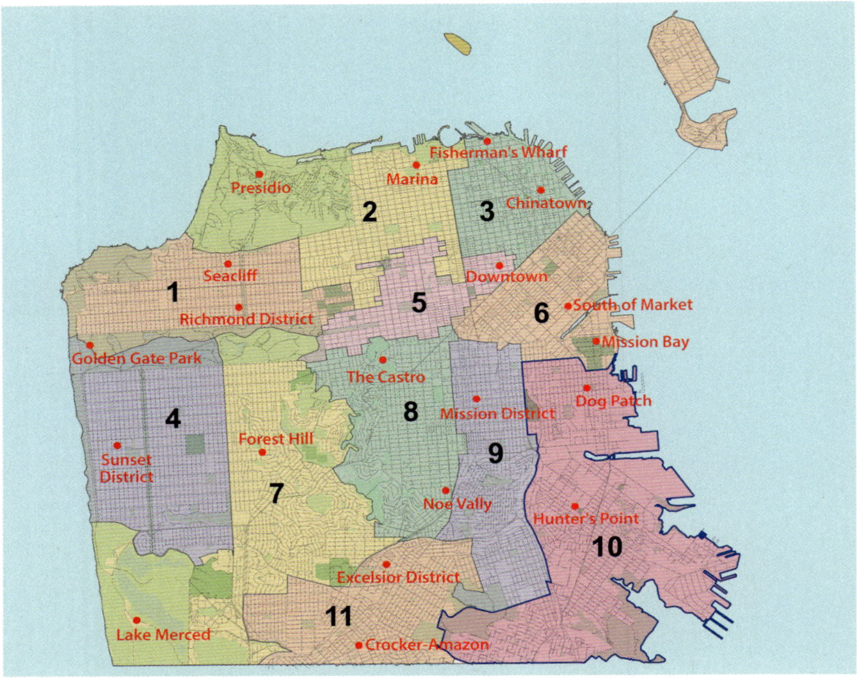

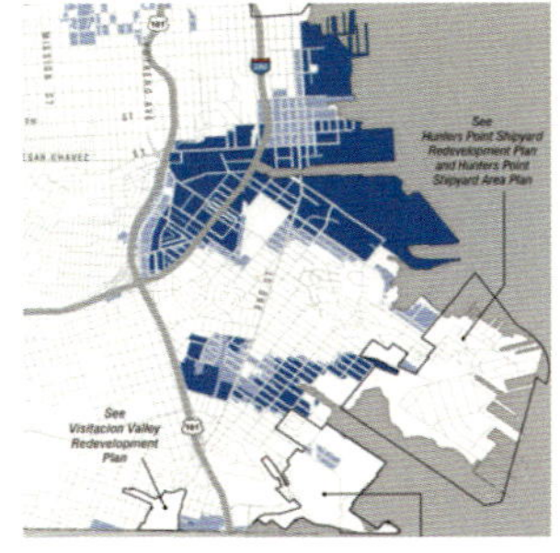

• 샌프란시스코 10구역

산업 발달
■ 일반 산업
■ 경공업

■ 인구: 8만 6,323명

■ 주요 지역 및 명소: 포르테로 힐, 헌터스 포인트 등

■ 바다와 스카이라인 전망이 펼쳐지는 화창한 언덕 지역으로, 일반 산업 및 경공업이 발달했으며 동쪽 해안가를 따라 바와 식당이 늘어서 있고 공원, 스포츠 시설 등이 어우러짐

■ 일반 산업 및 경공업 산업 구역 위치

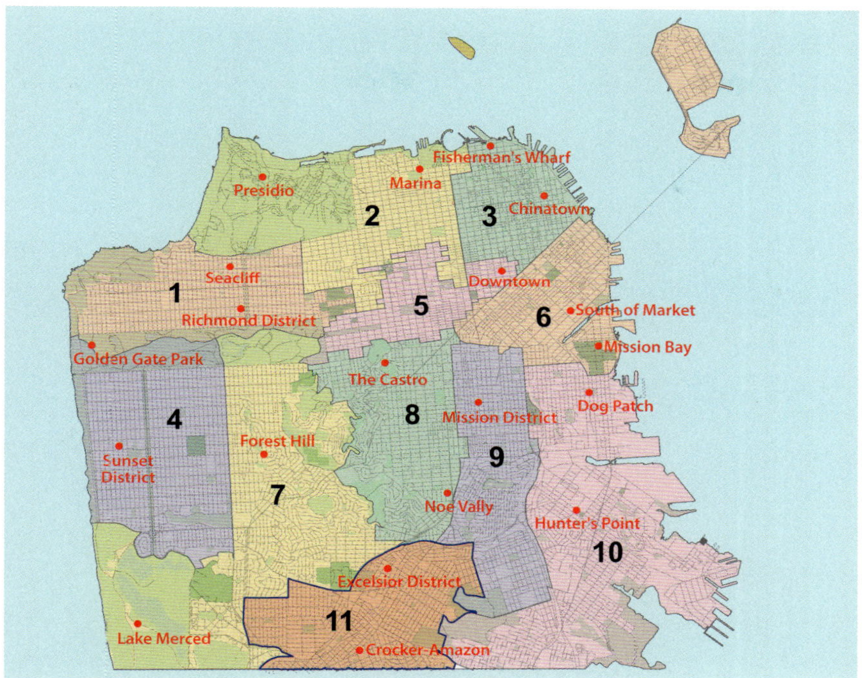

• 샌프란시스코 11구역

■ 인구: 7만 6,287명

■ 주요 지역 및 명소: 엑셀시어, 크로커 아마존 등

■ 엑셀시어는 아시아 슈퍼마켓, 멕시코 타코 전문점 등 문화적으로 다양함

■ 잉글사이드는 단독 주택이 많은 풍요로운 주거 지역임

12) 샌프란시스코 세부 지역 및 대표 명소

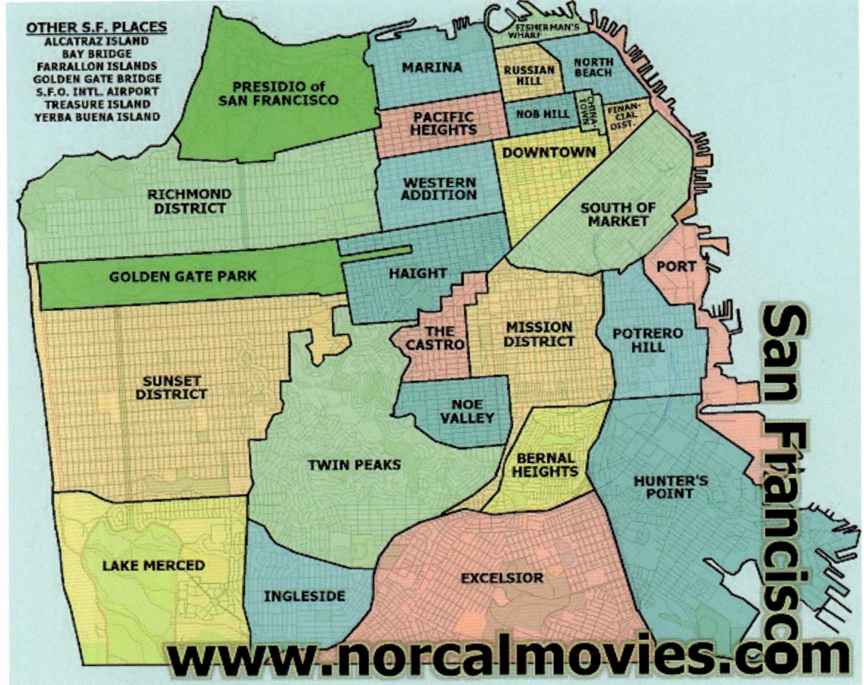

• 샌프란시스코 세부 지역 및 대표 명소   출처: www.flickr.com

3. 정치 경제적 특징

(1) 정치

- 샌프란시스코 시정부는 여러 개의 시(City)가 모여 카운티(County)를 구성하는 다른 지역과 달리 카운티와 시가 통합되어 있는 형태를 띰
- 시장(Mayor)과 시의회(Board of Supervisors), 여타 선출식 관료 및 다수 행정 기관으로 구성됨
- 샌프란시스코는 필라델피아, 뉴욕, 로스앤젤레스, 애틀랜타 그리고 시애틀

등과 함께 미국 내에서 가장 진보적이고 민주당 지지세가 매우 강한 도시임

(2) 산업

- 도시권 인구 800만에 달하는 대도시답게 과학기술 산업 분야에서는 상당히 높은 인지도를 가지고 있음

• 샌프란시스코 SOMA지역의 유명 스타트업들*

- 대표적인 주요 산업은 IT, 바이오테크, 금융 및 관광으로 대기업보다는 중소기업 위주로 발전함
- USCF 의대 및 미션 베이(Mission Bay) 지역 중심으로 생명의학 산업 발달됨
- 19세기 중반 골드 러시의 유산으로 금융 산업이 발달했으며, 연간 2,500만 명 이상의 관광객 방문으로 인하여 숙박, 요식 및 컨벤션 사업이 활성화됨

구분	대표 예시
IT 산업	Salesforce, Twitter, Uber, Airbnb, Dropbox, Pinterest 등
금융업	VISA, Wells Fargo, Charles Schwab 등
의류 산업	Gap, Levi Strauss, Old Navy 등
엔터테인먼트	Lucas Art, Cucas Film, Zynga 등

(3) 경제

- ▣ 2022년 기준 미국의 도시권 중 뉴욕, LA에 이어 세 번째로 큰 경제 규모를 갖고 있으며, 시의 1인당 GDP는 31만 2,000달러로 매우 높음
- ▣ 2020년 기준 실업률은 미국 전체(4%)보다 1% 이상 낮고, 시간당 평균 임금은 미국 전체 평균(28.43달러)보다 10달러 정도 높은 등 경제적으로 활성화되어 있음

4. 샌프란시스코 약사

연도	역사 내용
16세기	신대륙 발견 이후 여러 탐험가와 프란치스코 선교사가 캘리포니아 연안을 항해했으나, 골든게이트 너머의 만(bay)은 보지 못하고 지나침
1769	돈 가스파 데 포르톨라가 이끄는 스페인 포톨라 원정대가 멕시코에서 육로로 도착하여 오늘날의 샌프란시스코 발견, 스페인의 식민지가 됨
1821	멕시코가 스페인으로부터 독립하며 샌프란시스코는 멕시코령이 됨
1847	멕시코-미국 전쟁 후 샌프란시스코는 과달루페-이달고 조약에 의거하여 정식으로 미국 영토가 됨
1848	새크라멘토 지역 금광의 발견과 함께 골드 러시 시대가 시작 당시 인구 490여 명에 불과했던 샌프란시스코는 미국에서 가장 높은 경제 수준을 가진 도시로 성장
1859	네바다의 은광 발견으로 인구 성장 가속화
1860~1870	현재 미국 내 최대 규모인 웰스 파고(Wells Fargo) 은행의 설립을 시작으로 금융업의 성장, 대륙 횡단 철도의 개통, 샌프란시스코 만의 지리적 입지 조건을 활용한 태평양 연안 최대의 무역항으로 발전
1906	대지진과 화재로 인해 도시의 4분의 3이 일시에 파괴됨 도시 재건 작업 착수
1915	도시 재건을 완료하고 파나마 운하의 개통을 축하하는 파나마-태평양 국제 엑스포 개최
1937	베이 브리지, 골든 게이트 브리지 등을 완공하고 항만 정비 오늘날 샌프란시스코의 모습이 탄생
1930~1940	골든게이트 브리지, 베이 브리지 등의 주요 교량의 완공을 기념하기 위해 골든게이트 국제 엑스포 개최 교량을 통해 인근 지역과의 교통이 원활해지면서 서부 지역의 경제, 상공업의 지도적 위치 차지

연도	역사 내용
1960년대	히피 문화의 탄생으로 오늘날 자유와 젊음을 상징하는 도시가 됨
2000~	현재까지 서부 지역 경제의 지도적 위치를 유지하고 있음

5. 사회문화적 특징

(1) 지형, 기후

- 샌프란시스코만 지역은 북위 37도에 위치하여, 서안해양성 기후의 영향으로 연중 온화함(최저 섭씨 8~12도, 최고 14~21도)
- 캘리포니아의 한류와 지형적 영향으로 계절과 상관없이 안개가 자주 발생함
- 기후와 기온의 차이가 큰 국지 지역에 존재함
- 환태평양 지진대인 샌안드레아스 및 헤이워드 지진대 사이에 위치하여 역사적으로 지진이 종종 발생했음

(2) 문화

- 1960년대 히피 문화의 탄생지로 도시 전반에 흐르는 자유로운 분위기가 매력적임
- 동성애자, 양성애자 비율이 15.4%에 이르고, 매년 샌프란시스코 LGBT 프라이드 퍼레이드라는 대규모 퍼레이드가 열릴 만큼 성 소수자들에 대한 시각이 비교적 자유로운 편임
- 샌프란시스코는 미국 대도시 중에서 안전하고 자유로운 도시로 알려져 있지만, 낮에는 관광지인데 밤이 되면 슬럼이 되는 곳이 많아서 주의해야 함
- 대표적인 관광지로서 금문교, 베이 브리지와 트레저섬, 피셔맨스 워프와 피어 39를 포함한 북부 항구 지역 등 관광 자산이 풍부하고 관광지에 접근하기 위한 대중교통도 잘 갖추어져 있는 편임

(3) 역사

- 1769년 스페인군이 캘리포니아 연안을 점령하기 시작하면서 최초로 알려졌으며, 1846년 미국-멕시코 전쟁 후 미국 영토에 편입되면서 1847년 스페인 선교사(Mision San Francisco de Asis, 1776)의 이름을 따서 샌프란시스코로 명명됨

- 1848년 금광이 발견되면서 1,000명이었던 샌프란시스코 인구는 이듬해인 1849년 2만 5,000명으로 증가했으며, 1869년 대륙 횡단 철도 완공과 함께 15만 명 수준까지 도달한 이후 현재까지 완만한 증가 추세를 보이고 있음

  ※ 샌프란시스코의 대지진

  ① 1906년

  - 1906년 4월 18일 수요일 5시 12분에 북부 캘리포니아 해안에 규모 7.9의 대지진이 발생

  - 몇 주 동안 이어진 지속적인 화재로 인해 도시의 80% 이상이 파괴되었으며 3,000명 이상이 사망하여 캘리포니아 역사상 자연재해로 인한 인명 손실 중 최대 규모임

  - 이후 샌프란시스코의 건축 기준이 강화되고, 지진 대비 시설이 도입되는 등의 조치가 이루어졌으며 현재는 샌프란시스코는 미국 내에서 지진 대비가 잘 갖춰진 도시로 인식되고 있음

  ② 1989년

  - 10월 17일 오후 5시 4분에 캘리포니아 중부 해안에서 규모 6.9의 대지진이 발생하여 63명이 사망하고 3,757명이 부상을 입음

  - 특히 산타 크루즈 산맥에서 지반 붕괴와 산사태가 발생하여 많은 피해를 입었으며 다수의 건물이 붕괴되거나 큰 피해를 입었고 고속도로의 교량도 붕괴되어 사상자가 발생함

  - 이후 지진 대응 능력이 향상되고 앞으로의 지진 예측과 대비에 대한 연구가 활발히 이루어지게 되어 현재까지도 지진 안전에 대한 교훈을 주는 사례임

(4) 교통

- 샌프란시스코의 대중교통 인프라는 잘 구축되어 있어서 자동차 중심의 미국에서 자동차를 타고 이동하면 오히려 불편할 수도 있다고 할 만큼 대중교통이 편리한 도시로 손꼽힘
- 버스, BRT(간선급행버스체계), BART(광역전철체계), 케이블카, Ferry(수상택시) 등 다양한 대중교통이 존재함

6. 캘리포니아 골드 러시(1848~1855년)

- 캘리포니아 골드 러시(California Gold Rush)는 1848년 1월 24일 캘리포니아주 콜로마에 있는 셔터스 밀(Sutter's Mill)에서 제임스 마셜(James W. Marshall)이 금을 발견하면서 시작됨
- 금에 대한 소식을 듣고 미국 전역과 해외에서 약 30만 명의 인구가 유입되었고 이것은 미국 경제가 다시 활력 얻는 데 영향을 줌
- 샌프란시스코는 1846년 약 200명의 주민이 거주하는 작은 정착지에서 1852년에는 약 3만 6,000명의 인구가 거주하는 신흥 도시로 성장함
- 도로, 교회, 학교 및 기타 도시가 캘리포니아 전역에 건설되었으며 1869년에는 미국 동부까지 연결되는 철도가 개통됨
- 골드러시는 미국에 경제적인 호황을 가져온 반면에 캘리포니아 원주민에게는 질병, 기아 및 캘리포니아 대량학살로 인한 인구의 감소를 가속화하는 결과를 낳음

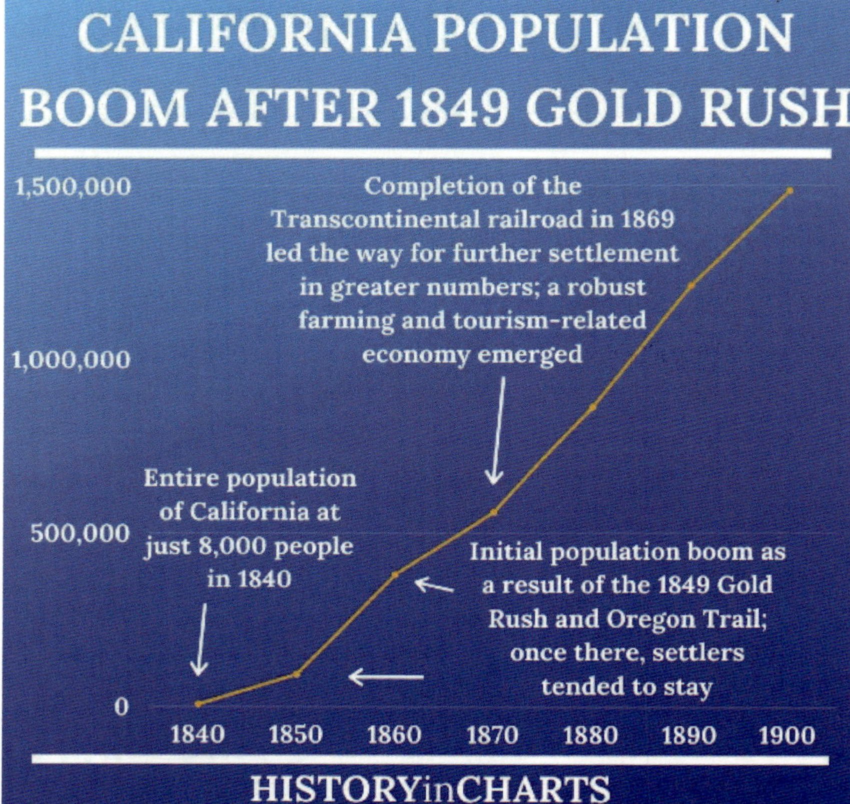

• 골드 러시 시기에 급격히 성장한 캘리포니아 인구　　　　출처: historyincharts.com

7. 반문화 운동

■ 샌프란시스코의 반문화 운동(Counter-Culture)은 1960년대 중반에 미국 캘리포니아주 샌프란시스코에서 시작된 사회적, 문화적 혁명으로 사회의 지배적인 문화에 반대하고 적극적으로 도전하는 문화로 특히 헤이트-애시버리(Haight-Ashbury) 지구에서 가장 활발하게 일어남

■ 이 운동은 젊은이들 사이에서 전통적 가치, 권위적인 제도, 베트남 전쟁에 대한 반대, 그리고 인종 차별, 성 차별 같은 사회적 문제들에 대한 비판적 태도를 표현하는 것에서 시작됨

■ 반문화 운동은 음악, 예술, 문학, 패션 등 다양한 분야에 걸쳐 영향을 미쳤으며, 히피 문화와 연관되어 자유로운 성적 태도, 약물 실험, 환경주의, 평화주의 등의 가치를 추구함

■ 반문화 운동은 또한 정치적 활동가, 문학가, 예술가들에게도 큰 영향을 미쳤으며, 여성 권리 운동, 흑인 민권 운동, 동성애자 권리 운동 등 후속 세대의 다양한 사회 운동에 중요한 기반을 제공함

■ 이 운동은 미국 사회에 깊은 영향을 미치며, 사회적 규범과 가치에 대한 재평가와 함께 더 개방적이고 포용적인 문화를 형성하는 데 기여함

■ 가장 대표적인 사건으로는 1967년 여름에 일어난 '사랑의 여름(Summer of Love)'이 있으며 그레이트풀 데드(Grateful Dead), 제퍼슨 에어플레인, 재니스 조플린과 같은 음악가들과 긴밀하게 연결되어 있었고 당시 사회적 변화의 목소리를 대변하는 음악을 만들어 냄

■ 샌프란시스코 애시버리 스트리트에는 반문화 운동의 중추적인 역할을 했던 그레이트풀 데드 하우스, 아메바 레코드(Amoeba Records), 북스미스(Book-smith), 골든 게이트 파크(Golden Gate Park) 등이 위치하고 있음

■ 사랑의 여름
 - 1967년 여름에 발생한 사회적 현상으로 젊은이들이 히피 패션의 옷차림과 행동을 뽐내며 샌프란시스코 인근의 헤이트-애시버리에 모이면서 시작됨
 - 샌프란시스코와 멀리 떨어진 뉴욕시 전역의 히피 음악, 환각제, 반전 감정, 자유 사랑의 문화를 포괄하며 베트남 전쟁에 반대하고 소비주의적 가치를 거부함
 - 사랑의 여름은 중요한 문화 행사로 여겨지지만 LSD라는 마약 규제에 반대하는 행사라는 의미가 있어 현재까지 논란이 많음

• 샌프란시스코 반문화 운동의 대표적 예시인 '사랑의 여름'

금문교
Golden Gate Bridge
앨커트래즈섬
Alcatraz Island
예르바 부에나섬
Yerbe Buena Island
팰리스 오브 파인아트
Palace of Fine Arts
피셔맨스 워프
Fisherman's Wharf
엠바카데로
Embarcadero
프레지디오 오브 샌프란시스코
Presidio of San Francisco
롬바드 스트리트
Lombard Street
페리 빌딩 Ferry Building
차이나 타운
China Town
큐피드 스팬 Cupid's Span
유니언 스퀘어
Union Square
트랜스베이 세일즈포스 타워
Transbay Salesforce Tower
샌프란시스코 현대미술관
SFMOMA
오라클 파크
Oracle Park
5M
프로젝트
알라모 스퀘어
Alamo Square
시빅 센터
Civic Center
레프티 오돌 브리지
Lefty O'Doul Bridge
헤이트-애시베리
Haight-Ashbury
미션 디스트릿
Mission District
미션 베이 체이스 센터
Mission bay Chase Center
더 카스트로
The Castro
골든 게이트 공원
Golden Gate Park
트윈 픽스
Twin Peaks
도그패치
Dogpatch
그랜드뷰 공원
Grandview Park

3

샌프란시스코의 도시 재생 및 개발 현황

1. 샌프란시스코 도시 개발 역사

- 샌프란시스코의 도시 개발 역사는 타 도시의 점진적 성장과 달리 급격한 성장, 변화 그리고 혁신의 시대를 거치며 형성되었다고 할 수 있음
- 골드 러시로 인한 급속한 성장부터 기술 산업의 성장까지 샌프란시스코는 다양한 경제적 및 사회적 변화의 중심지로 오늘날 세계적인 기술 혁신의 중심이자 다양한 문화와 사람들이 어우러진 글로벌 도시로서 자리매김하고 있음

(1) 스페인 식민지 시대와 초기 정착기

- 스페인은 1776년, 샌프란시스코 지역을 식민지화하기 위해 두 가지 주요 거점을 세움. 하나는 스페인의 군사 요새로서 지역을 방어하고 샌프란시스코만의 중요한 항구를 보호하기 위한 전략적 거점인 샌프란시스코 프레지디오이며, 다른 하나는 샌프란시스코 지역에 기독교를 전파하고 원주민들을 교육하고 동화시키기 위한 종교적 거점인 미션 샌프란시스코 데 아시스(미션 돌로레스). 이 두 거점의 설립은 샌프란시스코 지역에 유럽인들이 정착하는 출발점이었으며 스페인 식민지화 정책의 중요한 부분이었음

(2) 골드 러시(1848~1855년)와 급성장

- 캘리포니아 골드 러시는 전 세계의 탐사자들과 기업가들이 캘리포니아 지역으로 쏟아져 들어오면서 인구 폭발로 이어졌으며 도시는 작은 마을에서 상업, 교통 및 주거가 확장되는 주요 도시로 성장함

(3) 1906년 지진과 화재

- 1906년 4월 18일: 강도 7.8의 파괴적인 지진과 그에 따른 화재로 샌프란시스코의 건물 80%가 크게 파괴되어 수천 명의 이재민을 낳아 재건 과정에서 새로운 도시계획과 건축 규정이 도입되었으며 이는 도시의 현대적 모습을 형

성하는 데 기여함

(4) 20세기 확장과 문화 운동

- 20세기 초~중반: 도시는 계속해서 성장했고 이웃 지역들은 확장되고 다양
  해졌으며 금문교(1937)와 베이 브리지(1936) 같은 랜드마크 다리 건설과 인
  구 증가로 주택 개발이 확대되면서 미국 서부 지역의 경제, 상공업의 중심적
  인 도시가 됨
- 1960년대와 1970년대: 반문화 운동이 활발히 전개되었는데 그 중심은 헤이
  트-애시베리 지역으로 자유주의, 행동주의, 그리고 동성애자 권리 운동 등
  이 활성화되기 시작하여 오늘날 자유와 젊음을 상징하는 도시가 됨

(5) 기술 붐과 도시의 과제

- 20세기 후반~21세기: 실리콘 밸리와 기술 산업의 성장은 샌프란시스코에
  지대한 영향을 미쳤고 이는 상당한 경제 성장을 이끌었지만 주택 가격, 젠트
  리피케이션, 노숙자 문제 등에도 영향을 미침

(6) 최근의 발전과 도시계획

- 21세기: 샌프란시스코는 현대적인 문제를 해결하기 위해 지속가능성, 대중
  교통 및 주택에 중점을 두었으며 엠바카데로 해안가 재개발, 미션베이 지역
  의 성장 및 대중 교통 시스템 개선 노력과 같은 프로젝트 개발에 우선 순위
  를 두었음
- 역사를 통틀어 샌프란시스코는 유명한 언덕과 해안가를 포함한 지리학과
  일련의 인구학적, 경제적 변화에 의해 형성되었으며 빠른 성장 및 개발과 관
  련된 지속적인 도전에 직면해 있음에도 불구하고 문화적 다양성, 상징적인
  랜드마크, 활기찬 분위기를 가진 중요한 도시로 성장하고 있음

2. 샌프란시스코 도시 구조의 특징

구분	내용
지리와 자연환경	- 반도 위치: 샌프란시스코는 태평양과 샌프란시스코만 사이의 반도에 위치해 있어 물리적 확장이 제한되고 조밀하게 건설된 환경으로 이루어져 있음 - 언덕 지형: 50개가 넘는 가파른 언덕은 거리 배치, 건물 디자인에 영향을 미쳤고 독특한 도시 경관을 만들어 냄
도시 배치와 건축	- 격자형 그리드 시스템 · 샌프란시스코의 많은 부분이 특히 도심 지역과 미션 디스트릭트 지구에 그리드 패턴으로 배치되어 있으나 그리드 시스템은 도시의 다양한 지형에 적응하여 구불구불한 롬바르드 거리와 같은 독특한 거리 배치를 이루고 있음
다양한 건축물	- 샌프란시스코의 건축물은 빅토리아 양식, 에드워드 양식, 모던 양식, 포스트모던 양식이 혼합되어 다양한 시대를 통한 발전을 반영하며 대표적 빅토리아 건물인 페인티드 레이디스, 파이낸셜 디스트릭트의 현대 고층 건물, 트랜스아메리카 피라미드와 같은 독특한 건축물은 이러한 다양성을 대표함
수변 및 공용 공간	- 엠바카데로와 워터프론트: 엠바카데로는 공공 공간, 역사적인 교각, 페리 빌딩과 같은 랜드마크를 특징으로 하는 도시의 동쪽 해안선을 따라 위치하며 워터프론트 지역은 인기 있는 보행자 및 레크리에이션 구역으로 재개발되었음 - 공원과 열린 공간: 샌프란시스코에는 커다란 금문교, 프레지디오 및 작은 근린공원을 포함 많은 공공 공간이 있는데 이 공원들은 녹지와 휴양지를 제공함으로써 도시의 구조에 중요한 역할을 함
교통 및 인프라	- 대중교통: 무니(MUNI) 버스와 경전철, 역사적인 케이블카, 그리고 샌프란시스코와 주변 지역을 연결하는 BART 시스템을 포함한 포괄적인 대중교통 네트워크를 가짐 - 컴팩트 어반 코어: 샌프란시스코 도심의 컴팩트한 특성은 대중교통 시스템과 결합되어 크기가 큰 다른 미국 도시들에 비해 상대적으로 걷고 자전거를 타기에 적합하게 되어 있음
이웃과 문화적 다양성	- 개성 강한 이웃: 샌프란시스코는 차이나 타운, 미션 디스트릭트 지구, 헤이트-애시베리와 같은 각각의 독특한 성격과 문화적 정체성을 가진 30개 이상의 뚜렷한 이웃으로 구성 - 문화적 다양성: 다양한 이민의 역사와 문화적, 사회적 중심지로서 다양한 문화적 풍경을 지님
향후 과제 및 적응	- 주택 및 경제성: 샌프란시스코는 높은 생활비와 기술 산업의 영향으로 인해 주택 가격 및 노숙과 관련된 상당한 문제에 직면

3. 샌프란시스코 도시계획

1) 도시계획의 역사

　■ 샌프란시스코의 도시계획은 다양한 역사적, 지리적, 그리고 사회적 요인에 영향을 받아 왔음. 역사적으로 산악 및 언덕 지형, 지진 활동 그리고 빠른 인

구 성장은 도시계획자들이 직면한 주요 도전 과제였으며 현대에 이르러 지속가능성, 교통, 주거 가용성, 그리고 공공 공간 활용 등을 중심으로 한 도시계획 전략을 추구함

(1) 17세기 스페인 식민지 시기

- 샌프란시스코 도시계획의 역사적 사건은 3가지 단계로 구분할 수 있음

구분	내용
1단계	776년 프레시디오(Presidio) 단계로 샌프란시스코가 군사 목적으로 스페인인에 의해 처음 탐험되고 건설된 시기
2단계	1776년 미션 돌로레스(Mission Dolores) 단계이며 첫 번째 단계에도 존재했지만 샌프란시스코 최초의 스페인 주민과 종교적 선교를 위한 교회 설립 필요성 시기
3단계	18세기 정착민 몇 명이 사는 작은 마을인 '좋은 허브'는 스페인 이름 예르바 부에나(Yerba Buena)로 명명되었으며 1837년에 공식적으로 이름을 샌프란시스코로 변경함

(2) 골드 러시(1848~1855년)와 미국 대륙 횡단 열차 개통

- 골드 러시 이후 인구 급증으로 주택, 상업, 그리고 교통 인프라에 대한 수요 급증. 이러한 인구 유입으로 인해 미국 동부 해안 지역과 샌프란시스코와 같은 서부 해안을 연결하는 철도가 탄생하게 되었으며 도시 내 언덕에 대한 교통 수요를 충족하기 위하여 1873년 케이블카를 발명하여 운행함

(3) 1906년 대지진(20세기 초)

- 1906년 지진과 화재 이후 도시 재건과 더 나은 도시계획을 위한 기회로 활용되어 미래의 지진을 견딜 수 있도록 설계된 더 넓은 거리와 더 엄격한 건축 법규를 포함하여 샌프란시스코의 현대 도시계획을 위한 기초가 마련됨
- 도시 건축가인 대니얼 번햄(Daniel Burnham)이 넓은 대로와 프랑스 오스만(Haussmann) 스타일의 거리로 구성된 '아름다운 도시' 계획을 설계한 시기로 공원, 시민 센터 및 기념물 개발을 포함하여 도시를 아름답게 하고 기반시설을 개선하기 위한 여러 프로젝트를 수행함

(4) 제2차 세계대전 후의 팽창

- 제2차 세계대전 이후 주택에 대한 필요는 새로운 지역의 개발과 도시 경계의 확장으로 이어져 급속한 성장으로 이어졌으며 교통 및 유틸리티, 토지 이용 계획 그리고 황폐화된 지역의 재개발 계획이 수립되기 시작함

(5) 도시 재생과 보존(1960~1970년대)

- 고속도로 확산을 막고 재개발에 따른 환경 파괴를 막는 새로운 계획이 수립되었으며 도심을 활성화하기 위한 도시 재생 프로젝트를 위해 1973년 샌프란시스코 역사 보존 위원회가 설립되는 등 도시의 건축 및 문화유산을 보존하는 계획으로 전환됨

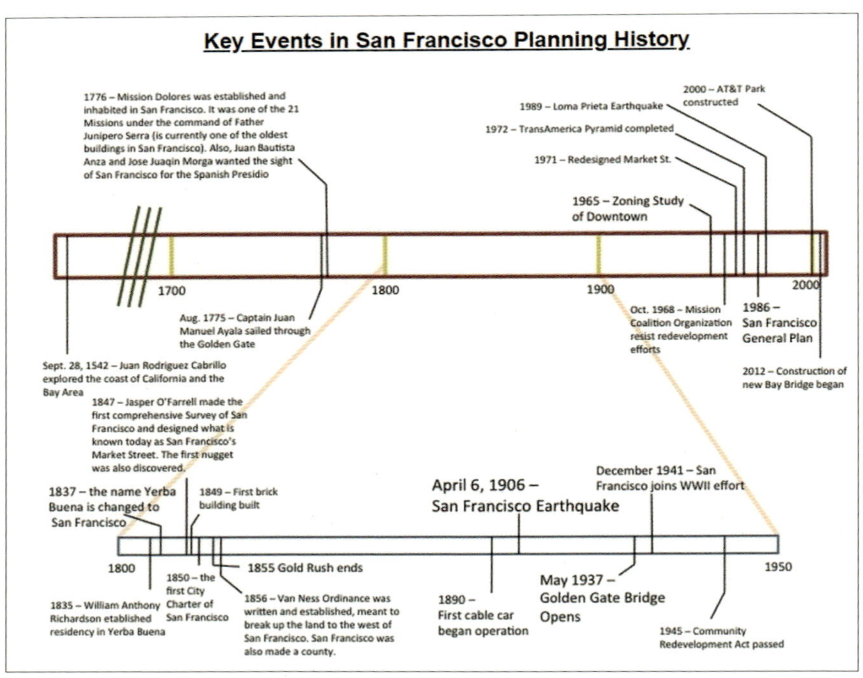

출처: sfurbanplanning.weebly.com

(6) 1980년대

- 차이나 타운, 노스 비치 및 텐더로인 지역에 고층 건물을 세우는 동시에 역
  사적인 건물을 보호하고 새로운 개발에서 공공 개방 공간을 보장하며, 공공
  공간에 대한 스카이라인과 일조권 등에 대한 규정을 도입함

(7) 1990년대: 지속가능성 강조

- 환경 보호를 위해 개인 차량보다 대중 교통, 자전거 타기, 걷기를 선호하는
  정책과 도시의 거주 가능성을 향상시키기 위해 공원 조성 및 개보수, 보행자
  친화적인 거리 개선, 커뮤니티 활성화 사업 등 시민들이 삶의 질을 향상시키
  는 정책을 전개함

(8) 2000년대 초반

- 1990년대 후반부터 인터넷 관련 분야가 성장하면서 생긴 닷컴 붐의 호황으
  로 주택과 도시 개발은 새로운 도전과 기회를 갖게 됨
- 도시의 성장을 수용하고 더 많은 주택을 제공하기 위해 이스턴 네이버스 플
  랜(Eastern Neighbors Plan)(2008)과 같은 샌프란시스코 동부 지역(소마, 미션,
  쇼플레이스 스퀘어/포트레로 힐, 센트럴 워터프런트)의 미래 성장, 개발 및 보존
  을 위한 종합적인 지역 개발 계획을 수립

(9) 2010년대 기술 붐과 주택난, 기후 변화에 대한 대응력 강화

- IT 기술 산업 성장으로 2010년대에는 IT 기술 회사와 근로자들의 상당한 유
  입이 있었고 주택 가격이 불안정하여 주택 용적률과 가격을 높이고 새로운
  개발에 대한 승인 절차를 간소화하며 기존의 저렴한 주택을 보호하려는 노
  력이 포함됨

(10) 2020년 이후

① 공공 공간 개선

- 도로의 잘 사용되지 않는 부분을 공공 광장과 공원으로 바꾸는 '공원으로 포장' 프로그램을 통해 공공 공간을 만들고 이 공간들은 공동체 모임 장소, 녹지, 야외 식사 기회를 제공하여 도시의 거주성을 향상시킴

② 도심으로의 근로자 복귀 및 저렴한 주택 공급 계획

- COVID-19 팬데믹은 수만 명의 근로자가 대규모 정리해고에 직면하고 수십만 명의 근로자가 즉시 재택근무로 전환하면서 도심 공동화 현상을 방지하기 위한 정책을 수립하며 고소득 IT 기술 산업자들의 유입으로 주택 가격, 소득 불평등 및 지속가능성과 관련된 문제에 직면해 이러한 문제를 해결하기 위한 노력으로 저렴한 주택 단위의 개발, 임대료 통제 부동산 보호, 저소득 가정을 위한 지원을 포함한 다양한 정책을 수립함

③ 지속가능성을 위한 정책

- 지속가능성과 기후 변화에 대한 대응력 강화를 하고 있으며 탄소 배출을 줄이고 녹지 공간을 증가시키며 에너지 효율을 개선하려는 정책으로 다양한 지리적 요소와 다양한 배경과 문화를 가진 사람들로 북적이는 지속 가능한 도시의 미래 정책을 수립함

2) 샌프란시스코 도시 개발과 계획을 주도하고 결정하는 조직

■ 샌프란시스코의 도시 개발과 계획을 주도하고 결정하는 조직으로서 샌프란시스코시 정부 부처인 샌프란시스코 도시계획부(San Francisco Planning Department)와 지역 계획과 공공 정책 관련 연구, 교육 및 정책 수립 제언에 중점을 둔 비영리재단인 SPUR(San Francisco Bay Area Planning and Urban Research Association)가 있음

(1) SPUR(San Francisco Bay Area Planning and Urban Research Association)

■ 비영리 공공 정책 조직으로 1910년 샌프란시스코 지진과 화재 이후 도시 지

도자들이 주택 위기를 해결하고 문제를 개선하기 위해 설립되어 지역 계획
과 공공 정책 관련 연구, 교육 및 정책 수립 제언에 중점을 둔 비영리재단
- 해수면 상승, 재생 에너지, 식량 문제, 주택 가격, 교통 효율성과 관련된 주
  제까지 확장된 목표를 연구하고 있고 샌프란시스코 베이 지역인 산호세(San
  Jose), 오클랜드(Oakland) 인근 도시까지 장기적인 도시계획 프로젝트를 진
  행하고 있음
- 현재 6,000명 이상의 회원으로 구성되어 있으며 샌프란시스코와 베이 에어
  리어에서 혁신적인 도시 프로젝트와 정책을 계획하고 실행하는 데에 기여
  하고 지역 개발 전략에 큰 영향을 미치면서 샌프란시스코 도시계획에서 가
  장 중요한 역할을 함

• 샌프란시스코 시내 SPUR 사무실

• 샌프란시스코 시내 SPUR 사무실

(2) 샌프란시스코 도시계획부(San Francisco Planning Department)

- 샌프란시스코 도시계획부는 샌프란시스코 도시계획을 주도하고 조정하는 정부 기관으로 안정적인 도시 설계 및 환경 개선, 유산 보존 등을 목표로 지역 주민, 기업 및 일반 시민들의 요구 사항을 반영하여 도시의 발전과 주민의 삶의 질 향상을 위한 도시계획 프로젝트를 수행함
- 샌프란시스코의 도시 발전과 주택 정책, 지속가능한 개발 등을 책임지는 중요한 기관으로서 지속가능한 성장과 지역 사회의 의견을 반영하는 도시 전체 계획, 지역 사회 형평성, 환경 계획에 이르기까지 주요 도시 개발 프로젝트를 수행하고 있음
- 주 업무 영역
- 토지 이용 및 지역사회 계획
- 프로젝트 설계 평가 프로세스 수립

- 도시계획 교육 및 실행
- 주택 보급 계획 수립
- 중점 개발 프로젝트 진행
- 샌프란시스코 지역의 경제 발전과 직업 향상을 촉진하는 공공기관인 OEWD(Office of Economic and Workforce Development)와 긴밀히 협력하여 대규모 개발을 위한 마스터 플랜 개발

(3) SPUR와 도시계획부의 역할

■ SPUR(San Francisco Bay Area Planning and Urban Research Association)와 샌프란시스코 도시계획부(San Francisco Planning Department)와의 차이점은 비영리 공공 정책 조직과 정부 도시 부서의 구별이며, 각각 샌프란시스코의 도시 개발 및 계획에서 고유한 역할을 수행함

구분	SPUR	도시계획부
조직 특성 및 목적	- 좋은 도시를 위한 연구, 지원 및 교육에 중점을 둔 비영리 공공 정책 조직 - 정책 이니셔티브와 시민 의견을 통해 지속 가능하고 공평하며 활기찬 도시 환경을 육성하는 것을 목표로 함	- 토지 이용 계획, 구역 설정, 환경 검토를 감독하는 정부 기관으로 시의 계획 코드, 정책, 성장과 발전에 대한 전반적인 비전과 일치하는 것을 목표로 함
업무 및 활동 범위	- 경제 및 인력 개발, 주택 정책, 교통 및 환경 문제를 포함한 도시 계획의 가까운 영역을 넘어 광범위한 활동에 참여	- 특히 개발 제안서 검토, 환경 검토, 계획 코드 시행, 장거리 도시계획 이니셔티브 개발과 같은 계획 관련 활동에 중점
권한 및 집행	- 규제 권한이 적으며 개발 프로젝트에 대해 법을 집행하지 못하고 구속력 없으며 다만 지역 및 지역 수준에서 정책 및 의사 결정을 형성하기 위해 조사, 옹호 및 여론 형성 역활	- 규제 권한이 있고 도시의 계획 코드와 구역 지도를 집행하는 책임
자금 및 지원	- 회원권, 기부금, 보조금, 개인, 기업 및 재단의 후원금으로 운영	- 시의 예산에 의해 자금이 지원
참여 및 영향력	- 정책 입안자, 기업, 커뮤니티 그룹 및 일반 대중을 포함한 다양한 이해 관계자가 참여하며 도시 개발에 대한 비전을 뒷받침하는 정책과 관행을 지지	- 공청회, 환경 검토 과정, 허가 과정과 같은 보다 공식적이고 규제적인 경로를 통해 대중 참여를 유도하며 규제 및 감독 기능을 통해 도시 개발에 직접적인 영향을 미침

4. 샌프란시스코 다운타운 미래 전략(2023. 2월 발표)

1) 목적

- 코로나19 대유행은 1906년과 1989년 지진 이후 샌프란시스코 시내의 생활과 경제에 가장 큰 혼란을 가져옴
- 샌프란시스코 도심의 미래에 가장 큰 영향을 미치는 것은 코로나로 인한 재택근무 등으로 떠났던 근로자가 다시 샌프란시스코의 사무실로 돌아올 것인지였는데, 이에 대해 소매, 공공 장소 활성화, 교통 패턴과 같은 부문의 도시 미래에 대한 적극적인 전략을 수립하기 위함

2) 다운타운의 미래에 대한 로드맵

구분	내용
①	도심의 청결 및 치안 등 보장
②	다양한 산업과 고용주를 유치하고 유지
③	건물의 새로운 용도와 유연성을 촉진
④	사업을 시작하고 성장시키는 것을 촉진
⑤	인적 자원 확보 및 성장
⑥	최고의 예술, 문화의 장소로 전환
⑦	공공 공간 확대
⑧	효율적인 교통망 확대
⑨	도시의 정체성 확립

3) 중점적인 과제

- 현재 로드맵을 바탕으로 기획부와 경제인력개발국(OEWD)은 외부 조직과 함께 협력하여 다음 세 가지 주제를 중점적으로 단기 및 장기적으로 시내 복구 문제를 해결하고 있음

① 경제 다각화와 사무실의 미래

- 코로나 경제 영향 분석 연구를 바탕으로 기업, 산업 및 조직의 경제적 혼합을 재고하는 기회와 과제에 대한 권장 사항을 제시

② 도심 주택 확대

- 현재 높은 상업 공실과 장기 재택 근무 가능성으로 인해 새로운 건축과 개조의 필요성이 제기되고 있음
- 비주거용 건물을 주택으로 전환하는 과정에서 어려움과 기회를 검토할 뿐만 아니라 신규 주택 건설 능력에 대한 평가와 시내 시설 및 편의 시설에 대한 평가도 진행

③ 공공 공간 및 1층 활성화

- 도심에서 활용되고 있지 않은 빈 공간을 채우기 위해 도심의 문화, 예술, 상업 등의 분야에서 활용 전략을 제시하고 1층을 활용하는 방안을 제시함
- 특히 공공 공간을 활성화 및 프로그램화하고 1층에 새로운 용도와 활동을 도입하고 기존 건물을 또 다른 목적에 맞게 재사용하는 것을 중점적으로 수행함

4) 중점 지역

• 샌프란시스코 미래 도심 계획의 중점 지역

출처: sfplanning.org

- ■ 미드마켓(Mid-Market)
- 미드마켓에서는 기존 문화 기관과 창의적인 생태계를 활용하여 지역 예술 프로그래밍을 위한 연계성을 구축하는 데 중점을 두며 여기에는 주택 및 커뮤니티 공간을 포함한 새로운 활동을 해당 지역에 가져오기 위해 기존 건물을 개조하는 것이 포함됨
- ■ 유니언 스퀘어(Union Square)
- 유니언 스퀘어에서는 주택 및 기타 상업 용도를 포함하여 상층부의 활동을 확장함으로써 백화점 등 유통 소매 지구를 강화하는 데 중점을 둠
- ■ 다운타운 게이트웨이(Downtown Gateway)
- 다운타운 게이트웨이에서는 도시로의 상징적인 출입구와 마켓 스트리트(Market Street)와 워터프론트(Waterfront)의 연결을 포함하여 공공 공간을 재구상하여 재미있고 역동적인 다운타운 경험을 만드는 데 중점을 둠

5. 샌프란시스코 대표 도시 개발 및 재생 프로젝트

1) 엠바카데로 활성화

- ■ 엠바카데로(Embacadero)는 동부 해안선을 따라 자리 잡은 곳으로, 1989년 로마 프리에타 지진 이후 손상된 엠바카데로 프리웨이를 철거하기로 결정함. 해안에 인접한 이 지역은 보행자 및 자전거 도로, 녹지 및 새로운 상업적 기회가 있는 활기찬 공공 공간으로 재개발됨

출처: 위키피디아

2) 미션 베이 재개발

- 원래 산업 창고 지역이었던 미션 베이(Mission Bay)는 주거, 상업, 교육 및 레크리에이션 공간을 특징으로 하는 복합 용도의 커뮤니티로 재개발되어 현재는 USCF 의과대학 캠퍼스, 생명공학 회사 및 주택 단지 확대, 농구 및 종합체육문화시설인 체이스 센터(Chase Center), 상업 공간 및 광범위한 녹지 공간이 포함되어 도시의 혁신 및 건강 부문에 기여함

출처: mflastudio.com

3) 센트럴 SOMA(Central SOMA) 개발

■ 활용도가 낮은 산업 지역의 활성화를 목표로 지속 가능한 고밀도, 복합개발
에 중점을 두고 지속 가능성적 성장을 목적으로 편리한 대중 교통, 저렴한
주택 및 녹지 공간을 계획하여 개발함

출처: www.spur.org

4) 스톤스타운 재개발

- 샌프란시스코 남서부에 위치한 스톤스타운(Stonestown)에 최대 3,500개의 주택과 공원, 광장, 소매점, 지역 사회 편의 시설을 포함한 추가 용도를 갖춘 주로 주거 지역으로 재개발함

출처: sfyimby.com

5) 대중교통 중심의 발전(Transbay 교통센터 지구 계획)

- 11개의 환승 시스템을 통해 8개의 베이 에리어 카운티와 캘리포니아 주를 연결하는 현대적인 도시 교통 중심지로 계획된 세일즈포스 트랜싯 센터(Salesforce Transit Center)는 도시의 교통 중심지 개발 전략을 뒷받침하는 핵심 인프라 역할을 목적으로 샌프란시스코 베이 지역 전체의 연결성을 강화하고 주변 지역의 개발을 촉진하여 대중 교통과 주거 및 상업 개발을 통합하는 것을 목표로 함

출처: sf.curbed.com

6) 더 5M 디벨롭먼트(The 5M Development)

■ 5M 프로젝트는 피프스 스트리트(Fifth Street), 미션 스트리트(Mission Street), 하워드 스트리트(Howard Street) 주변 지역에 2차 세계대전 이후 이주했던 필리핀 이주민들이 다수 거주해 온 지역 사이에 있는 4ac(4,896평) 정도 되는 부지를 상업, 오피스, 오픈 스페이스, 저소득층 주거가 결합한 혼합형 복합 블록을 개발한 사례

■ 5M 프로젝트는 혁신, 창의성, 지역 사회 참여를 촉진하는 역동적인 복합 용

도 지구를 목표로 하며 저렴한 주택을 포함한 주거 공간, 사무 공간, 예술 및 문화 시설, 교육 기회 및 공공 개방 공간과 혼합하는 도시 재생 프로잭트로 역사적인 샌프란시스코 크로니클(San Francisco Chronicle, 신문사), 캐멀라인 (Camelline, 화장품 제조) 그리고 뎀프스터 빌딩(Dempster buildings, 인쇄소)의 복원도 5M 프로젝트의 일부임

출처: www.dezeen.com

7) 트레저섬·예르바 부에나섬

■ 샌프란시스코와 이스트베이 베이 브리지가 통과하는 중간에 위치한 트레저 섬(Treasure Island)과 예르바 부에나섬(Yerba Buena Island)이라는 두 개의 섬 개발 프로젝트로 섬은 연결되어 있지만 트레저섬은 1939년 금문국제박람회 를 위해 만들어졌으며 수년 동안 해군 기지 역할을 했던 인공 섬이고 예르바 부에나섬은 자연 섬임

■ 2010년 착공된 프로젝트로 주거 공간, 상업 공간 및 레크리에이션 공간이 혼합된 새롭고 지속가능한 공동체를 만드는 것을 목표로 개발되고 있으나 두 섬 모두 해수면 상승의 영향을 해결해야 하며 토양 안정성과 오염과 관련

된 문제, 저렴한 주택 제고에 따른 형평성 문제, 본섬과의 적절한 교통편 연결 등의 과제를 안고 있음

출처: www.engeo.com

8) 헌터스 포인트 해군 조선소/캔들스틱 포인트

■ 샌프란시스시내에서 남단에 위치하며 낙후되고 미개발지인 제2차 세계대전 이후 선박 건조와 수리에 사용되었던 옛 헌터스 포인트 해군 조선소(Hunter's Point Shipyard)와 샌프란시스코 자이언츠와 샌프란시스코 포티나이너스(49ers)의 이전 홈구장인 캔들스틱 파크 경기장으로 유명한 캔들스틱 포인트(Candlestick Point) 부지를 주거, 상업공간, 공원, 수변 접근성 등을 갖춘 활기찬 복합용도로 개발함

① 지속가능한 지역 사회 개발

- 저렴한 주택을 포함한 다양한 주택 옵션을 제공하고 친환경 건물 기술과 인프라를 통합하는 지속 가능하고 탄력적인 지역 사회를 개발함

② 경제 활성화

- 상업적 발전, 일자리 창출, 예술·문화적 공간 등을 통해 해당 지역의 경제성장을 촉진함

③ 환경 개선

- 특히 조선소에서 발생한 산업 과거의 환경 오염을 해결하고 공공 용도로 개방된 공간과 공원을 통합함

출처: sfocii.org

9) 도그 패치

■ 샌프란시스코 남동쪽 3마일 떨어진 지역에 위치한 도그 패치(Dogpatch) 지역은 과거 해군 조선소, 발전소 등이 있었던 산업 유휴 지역을 재생하여 주거, 문화예술, 엔터테인먼트, 오피스 및 학교 등 복합개발지구로 2035년까지 지속적으로 개발 중

출처: www.homes.com

■ 대표 프로젝트로 피어 70(Pier 70)과 파워 스테이션(Power Station) 지역의 재
　개발이 있음

① 피어 70

- 시행사 브룩필드(Brookfield)와 샌프란시스코 항만위원회와 민관협력으로
　128ac(약 3만 4,000평)에 달하는 피어 70 조선소 부지(28ac)에 약 2,150개의 주
　거공간, 사무실 공간, 상업, 예술 및 경공업 공간, 공원 등 오픈 공간을 건설
　할 예정이며 2022년에서 2028년 사이에 단계적으로 시행함

② 파워 스테이션

- 1854년 건설되었던 발전소는(29ac) 오염이 심각하여 2011년 작동을 중단
  되었고 어소시에잇 캐피탈(Associate Capital)이 2017년 인수했고 영국의 건
  축 회사 Foster+Partners와 스위스의 건축 사무소 헤르초크 앤드 드 뫼롱
  (Herzog & De Meuron)과 협력하여 2,600가구 주거단지, 60만m²의 연구소,
  10만m²의 소매 호텔 및 편의 시설 등으로 구성된 복합 건물로 재개발 예정.
  2023년에 프로젝트 개발을 시작했으며 2035년까지 완전히 완성될 것으로
  예상됨

10) 파크렛 프로그램(Parklet Program)

■ 페이브먼트 투 팍스(Pavement to Parks) 프로그램의 일종으로 활용도가 낮은
  거리 공간을 인근 편의 시설로 재활용하거나 도로변의 주차 공간을 공공 공
  간으로 전환하는 프로그램을 말함

■ 보통 보도를 확장하여 좌석 및 테이블, 자전거 거치대 혹은 조경을 제공하
  여'사람들이 앉아서 휴식을 취하고 도시를 즐길 수 있는 장소'를 만드는 데
  에 목적을 둠

▣ 2005년 최초로 공원을 조성했으며, 이후 샌프란시스코 도시 전역에 38개의
공원이 추가로 설치됨

▣ 민간인을 비롯한 비영리 기관도 참여할 수 있으나 지정된 공원 설계 및 건설
지침 충족, 기존의 도시 프로젝트와 공존 가능성, 파크렛(parklet)의 수요와
활용에 대한 평가 등을 통과해야 함

• 파크렛 프로그램

• 파크렛 프로그램

4

샌프란시스코의 주요 랜드마크

1. 피셔맨스 워프

이민 어부들의 마을에서 관광 명소로 재생

1.프로젝트 개요

- Fisherman's Wharf. 샌프란시스코의 대표적인 관광 지역으로, 샌프란시스코 해안 북부, 기라델리 광장과 밴 네스 애비뉴 동쪽, 피어 35(Pier 35) 또는 커니 스트리트(Kearny St)까지의 구역을 지칭함

- 1800년대 중후반 이탈리아 이민 어부들이 골드 러시로 인한 인구 유입을 통해 이익을 보기 위해 들어왔던 것을 계기로 발전, 1970~1980년대에 관광 명소로 재개발했음에도 불구하고 여전히 많은 어부들의 주거지였음

- 2010년 지역 외관 활성화를 희망하는 시 당국에 의해 1,500만 달러의 개발 계획이 지원되기 시작하여 갤러리, 쇼핑 센터, 편집 숍 및 레스토랑, 금문교 및 앨커트래즈섬 페리 투어 등 샌프란시스코의 랜드마크적 관광 명소로 도시 재생된 지역

• 피셔맨스 워프의 상징 간판

2. 주요 관광지

• 피셔맨스 워프 가이드 맵

출처: baycityguide.com

1) 피어 39(Pier 39)

- ■ 화물 부두로 사용되었으나, 1978년 이후 관광용 쇼핑 센터로 재개발됨
- ■ 다양한 상점, 레스토랑, 가상 3D 놀이기구가 위치하고 물개를 비롯한 해양 생물의 서식지로 다른 곳에서는 볼 수 없는 특별한 해양 경관을 볼 수 있음

• 피셔맨스 워프의 피어 39

• 피어 39에 서식하는 물개의 모습

• 피어 39에서 판매하는 클램 차우더

출처: www.pier39.com

※ 클램 차우더(Clam Chowder): 미국의 전통적인 해산물 스튜로 특히 뉴잉글랜드 지역과 샌프란시스코 등 해안 도시에서 많이 즐겨 먹는 요리
  - 신선한 조개류와 감자, 양파, 크림 등을 사용하여 만들며, 바다의 풍미와 크림의 부드러움이 어우러져 풍부한 맛이 특징
  - 특히 샌프란시스코 피셔맨스 워프의 피어 39와 같은 유명 관광지와 해안가의 식당들에서는 신선한 해산물을 사용하여 만든 클램 차우더를 맛볼 수 있으며, 전통적으로 크림 베이스와 함께 내놓는 것이 특징

2) 기라델리 광장(Ghirardelli Square)

- 1852년 이탈리아 출신의 이민자 도메니코 기라델리(Domenico Ghirardelli)가 설립한 초콜릿 공장 부지를 레스토랑, 초콜릿 소매점, 일반 상가 및 5성급 호텔(페어몬트) 등 복합 공간으로 탈바꿈한 곳으로, 미국의 첫 번째 도시 재생 사례임

- 1960년대에 기라델리 공장은 초콜릿 판매 수요를 수용하기 위해 캘리포니아의 샌 리앤드로(San Leandro)로 이전했으며 기라델리 광장의 원래 부지는 보존되고 방문객들에게 초콜릿의 역사적 매력과 40개가 넘는 전문 상점과 레스토랑, 호텔 등의 복합 문화 공간으로서 재생되어 샌프란시스코 도시 풍경의 대표적 랜드마크 역할을 함

출처: Arrivalguides.com

• 기라델리 광장 분수대

※ 기라델리 초콜릿 컴퍼니
- 미국에서 가장 오래된 초콜릿 회사 중 하나로 높은 품질의 초콜릿과 다양한 초콜릿 제품으로 유명함
- 다양한 종류의 초콜릿을 생산하며 주요 제품에는 다크 초콜릿, 밀크 초콜릿, 화이트 초콜릿, 캐러
  멜, 너트, 트러플, 초콜릿 칩 등이 있음

• 기라델리 광장 초콜릿 매장

• 치즈 학교

3) 더 캐너리(The Cannery)

- 1900년대 초 건축된 통조림 공장을 활기찬 쇼핑 및 엔터테인먼트 복합 건물로 재생한 사례
- 1906년 지진 이후 농업 부문의 진흥을 위해 1907년 통조림 협회에서 통조림 공장을 건축했으며 델몬트사(Del Monte)가 인수하여 가장 큰 복숭아 통조림 공장 중의 하나였음
- 1920년대 말 대공황의 결과로 더 캐너리는 1937년에 생산을 중단했고 1960년대까지 여러 회사의 창고로 사용되었음
- 1963년 레너드 마틴(Leonard Martin)이 역사적인 건축물을 보존하며 새로운 도시 상권 활성화를 위하여 레스토랑, 쇼핑 센터로 재생함
- 현재 아카데이 오브 아트(Academy of Art)사가 인수하여 역사적인 건물을 보존하면서 상점, 레스토랑, 예술 갤러리 등이 운영하는 복합 쇼핑 센터로 운영되고 있음

출처: Maven, The Cannery

출처: Maven, The Cannery

4) 제퍼슨 스트리트(Jefferson St.)

- 피셔맨스 워프의 중심이 되는 거리로, 레스토랑과 기념품점이 있음
- 노상 주차를 금지하거나 보행자 도로를 확장하는 등 자동차보다 보행자와 자전거에 우선순위 두고 거리 조성

• 제퍼슨 스트리트

출처: sf.streetsblog.org

5) 하이드 스트리트 피어(Hyde St. Pier)

- 역사적인 대형 선박들이 전시되어 있는 부두로서 골든 게이트 브리지와 샌 프란시스코-오클랜드만 브리지가 건설되기 건설되기 전에 자동차와 승객을 위한 페리 부두로 활용되었음

- 1978년 태평양 연안의 해양 역사를 보존하기 위해 샌프란시스코 해양 국립 역사 공원의 일부가 되었으며 19세기 선박들이 보존되어 역사박물관으로 활용되고 있음

출처: www.nps.gov

6) 부딘 베이커리 카페(Boudin Bakery Cafe)

- 샌프란시스코가 발달하던 1849년부터 영업해 왔던 유명 베이커리
- 클램차우더(조개 스프)가 유명한데, 원래는 사워도우 빵이 더 유명하며 베이커리 박물관과 투어도 운영하고 있음

• 부딘 베이커리 카페 외부

출처: boudinbakery.com/

2. 금문교

샌프란시스코의 대표적인 랜드마크

1. 프로젝트 개요

- Golden Gate Bridge. 샌프란시스코의 대표적인 랜드마크로 캘리포니아주 골든게이트 해협에 위치한 현수교로 샌프란시스코와 캘리포니아주 마린 카운티(Marin County)를 연결하는 세계에서 가장 길고 아름다운 현수교
- 1933년 착공하여 1937년에 완공되었고 1,300m의 가장 긴 주경간(main span)을 가진 현수교임

• 금문교 전경

■ 주요 제원

구분	내용
위치	Golden Gate Bridge, San Francisco, California
시행 면적	길이 2.74km, 최대 경간장 1,280.16m
건축가	조셉 스트라우스(Joseph Strauss)
시행사	골든게이트 브리지 앤 하이웨이 사업단(Golden Gate Bridge and Highway District)
추진 일정	1933년 1월 5일~1937년 4월 19일
용도	교통시설: 6차선 US 101/CA 1, 보행자용
특징	- 1964년 기준 세계에서 가장 길고 높은 현수교 - 복잡한 지형과 기후 문제로 인해 다리를 건설할 수 있는 환경이 아님에도 불구하고 4년 만에 완공 - 샌프란시스코시에서 북으로 통하는 유일한 길로 미국 국도 101과 캘리포니아 주도 제1호선으로 지정되어 있음 - 양쪽으로 보행자용 길이 있고 차선은 6차선임

2. 골든 게이트 개발 경과

■ 1928년 골든게이트 브리지 앤 하이웨이 사업단(Golden Gate Bridge and Highway District)이 설립되어 골든 게이트 브리지 설계, 공사, 재정에 관한 업무를 시작했고 1933년 1월 5일 건설을 시작함

■ 건설 당시 해군 측에서 "다리 밑을 군함이 통과할 수 있도록 해 달라"고 요청해 와 다리 중앙의 높이는 수면에서 67m로 함

■ 다리의 색상은 공식적으로 국제 오렌지라는 오렌지 주홍색인데 건축가 어빙 머로우(Irving Morrow)가 자연환경을 보완하고 안개 속에서 다리의 가시성을 향상하기 위해 선택한 색상임

■ 400여 개의 교량을 설계한 바 있는 조셉 스트라우스(Joseph Strauss)가 설계하며 이 일에 10년 넘게 참여함. 건축가 어빙 머로우가 아르 데코(Art Deco)와 채색을 담당했고 공학가 찰스 앨턴 앨리스(Charles Alton Ellis)와 교량 설계 전문가 레온 모이세이프(Leon Moisseiff)가 구조해석을 담당

■ 1937년 5월 28일 루스벨트 대통령이 워싱턴 D.C.에서 전신으로 개통 신호
를 보냄으로써 차량 통행을 시작함

• 샌프란시스코 시내에서 본 금문교 전경

3. 프레시디오 군사 기지 재생 사업

역사적 군사 기지를 주거, 문화, 레저 단지로 복합 재생

1. 프로젝트 개요

- Presidio. 샌프란시스코 북쪽 끝에 위치한 골든 게이트 국립 휴양지(Golden Gate National Recreation Area)의 일부로서 1776년 처음 스페인 군사 기지로 활용되는 시점부터 약 220여 년간 전략적 요충 군사 기지였으나, 공원화 계획에 의거, 1994년 미국 의회 승인을 얻어 역사적 자원의 활용과 더불어 주거, 문화, 레저 공원 단지 등으로 재생한 사례

- 프레시디오 공원은 자연환경과 레크리에이션, 주거지, 상업·업무 시설 등 다양한 편의 시설로 구성되어 있음. 500ac 공간에 800동 이상의 주거, 상업 문화, 예술, 학교 등의 건물로 재생됨

- 현재 3,000명의 거주자(임대주택)와 200개의 기관들이 입주해 있으며 프레시도 트러스트(Presidio Trust)가 위탁 운영하며 주요 시설로는 메인 포스트(Main Post), 크리시 필드(Crissy Field), 레터만 구역(Letterman District), 베이커 비치(Baker Beach), 마운틴 호수(Mountain Lake), 샌프란시스코 국립묘지, 한국전 참전 기념비, 포트 포인트 국립 유적지(Fort Point National Historic Site), 배터리 체임벌린(Battery Chamberlin) 등이 있음

• 프레시디오 전경

출처: greatruns.com

2. 프레시디오 개발 경과

- 샌프란시스코 도시가 있기 전에 원래 프레시디오 지역에는 수천 년 동안 아메리칸인디언 오홀론 원주민 부족이 살고 있었으며, 1776년 원주민이 살고 있던 5개 마을에 스페인에 의해 엘 프레시도(El Presidio)라는 군사 요새가 구축됨

- 1821년 스페인으로부터 독립했고 멕시코 영토의 일부가 되었으며 1835년 아메리칸 정착민들이 거주를 시작 예르바 부에나(Yerba Buena)라고 불림

- 1847년 멕시코와의 전쟁 후 푸에블로 샌프란시스코(Pueblo San Francisco)라고 불리며 1900년대 말까지 미군 기지로 활용되었음

- 프레시도는 환태평양 지역에서 미국의 군사 작전 대부분에 관여하여 제2차 세계대전 중 태평양 연안 국방의 중심지였으며 1995년에 폐쇄될 때까지 미극에서 가장 오랫동안 운영되는 군사 시설이었음

- 프레시도의 공원 전환은 1972년 국회가 골든 게이트 국립공원으로 인가하면

서 국방부의 프레시도 군 주둔지 불필요성에 따라 제도적으로 프레시도가 국립공원의 일부가 되었으며 1994년 내무부 산하 국립공원공단으로 이전됨

- 막대한 운영비와 자본금으로 인해 국회는 프레시도를 보호, 유지하면서 중앙정부의 재정을 투입하지 않고 장기간에 걸친 재정 자립 목적을 위한 회사를 설립, 대통령 산하에 프레시도 트러스를 설치함
- 프레시디오 관리 계획은 넓은 공간의 오픈 스페이스를 확보하기 위하여 역사성이 없는 건축물을 우선적으로 철거하여 오픈 스페이스를 확보하되 빌딩과 일하는 공간, 주택 및 방문객을 위한 공간 등이 교통이 원활하고 역사성이 있는 건축물들의 집합 공간과 함께 집적화될 수 있도록 설계하는 것
- 기존의 건축물 공간을 활용하여 전체 건물 면적의 3분의 1에 해당하는 면적을 교육, 문화, 보존 교육, 학교, 박물관뿐만 아니라 회의장, 숙박 공간, 레크리에이션 공간, 방문객을 위한 카페와 음식점 등 공공 공간에 할애하여 공간을 확보함(출처: 국토연구원, 세계도시정보 2011)

3. 주요 시설

• 프레시디오 주요 시설물

출처: presidio.gov/visit/presidio-park-maps

1) 메인 포스트(Main Post)

■ 프레시디오의 중심부로서 1776년 설립된 스페인 수비대 지역으로 오픈 스페이스와 건물들로 구성되어 있으며, 주거 지역, 각종 기관, 은행, 우체국, 대중교통 센터, 월트 디즈니 패밀리 박물관(The Walt Disney Family Museum) 등이 조성되어 있음

• 프레시디오의 메인 포스트

2) 크리시 필드 센터

■ 전 비행장인 크리시 필드(Crissy Field)는 광범위한 복원을 거쳤으며 이전에는 공군과 해병대 및 육군 항공대 기지로 사용됐지만 지금은 도시 환경 보호의 중심지로 변모, 바닷가와 더불어 공원으로 조성되어 트레킹, 산책로, 갯벌, 초지 및 피크닉 공간과 더불어 실내 암벽 공원 등 다양한 스포츠, 레크리에이션 시설이 있음

• 크리시 필드 센터 외부

3) 장교 클럽

■ 1934년 재건된 샌프란시스코 최고 빌딩인 프레시디오 장교 클럽(Presidio Officers' Club)에는 레스토랑, 기념품 가게, 프레시디오 안내와 역사 자료관이 있으며 건물에서는 연중 내내 무료 공연과 갖가지 가족 행사가 개최됨

• 장교 클럽 건물 외부

4) 디지털 아트 센터

■ 주거 및 업무 지역으로 〈스타워즈〉 등 SF 영화 감독인 조지 루카스가 만든
  디지털 아트 센터(Letterman Digital Art Center)와 루카스 필름(Lucasfilm) 본사
  가 위치함

• 루카스 필름 본사 데스크

• 루카스 필름 본사 앞의 분수대

5) 국립묘지

■ 3만 구가 안장된 국군 묘지

• 국립묘지 외부

6) 한국전 참전 기념비

■ 2016년 8월 1일 개막, 1950. 6.25전쟁 참전 기념비 설치

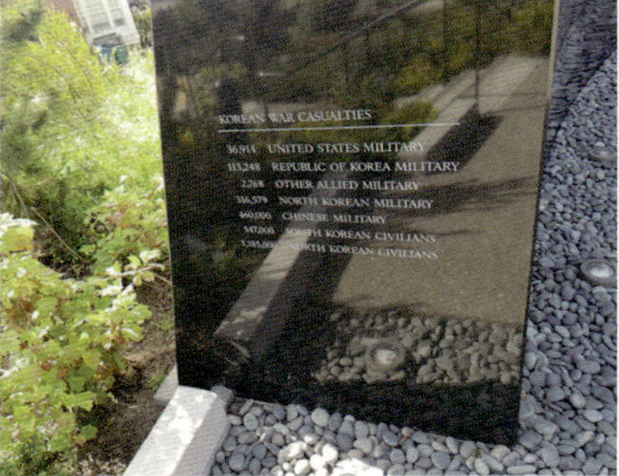

• 한국전 참전 기념비

7) 포트 포인트 국립 유적지(Fort Point National Historic Site)

■ 골든 게이트의 남쪽에 위치하며 남북 전쟁이 발발하기 바로 전인 1853년 샌 프란시스코 베이를 방어하기 위하여 건축함

• 포트 포인트 외부

• 포트 포인트 내부 전시

출처: www.nps.gov/fopo/index.htm

8) 월트 디즈니 패밀리 박물관(The Walt Disney Family Museum)

- 월트 디즈니의 세계적인 찬사를 받았던 창조성을 기리며 그의 작품과 역사를 전시하는 박물관
- 과거 군대 막사였던 건물을 개조하여 세계적인 영화 및 애니메이션 기획사의 창시자인 월트 디즈니(Walt Disney)의 삶과 유산을 기리기 위해 디즈니 가족 재단(Walt Disney Family Foundation)에서 2009년부터 전시장으로 활용함
- 월트 디즈니의 조상 역사부터 그의 죽음까지 일생을 담고 있는 갤러리, 월트 디즈니의 딸인 다이애나 디즈니 밀러(Diane Disney Miller)를 기리기 위한 다이애나 전시관, 디즈니 애니메이션을 상시적으로 상영하는 상영관 등이 있음

• 월트 디즈니 패밀리 박물관 외부

• 월트 디즈니 패밀리 박물관 내부 전시

• 월트 디즈니 패밀리 박물관 내 전시 공간

4. 페리 빌딩
역사적인 페리 터미널 건물을 지역 경제 활성화 명소로 재생

1. 프로젝트 개요

- Ferry Building. 샌프란시스코의 가장 상징적인 건축물 중 하나로 1898년 완공되어 샌프란시스코 베이의 소사리토, 오클랜드 등을 운행하는 선박 페리 터미널
- 1998년 시행사 윌슨 미니(Wilison Meany)사에 의해 재생되었음. 50여 개가 넘는 식당, 카페, 상가, 사무실 그리고 주말마다 열리는 농산물 시장 등으로 가장 인기 있는 관광 명소 중 하나임
- 오래된 역사적 건물의 보존을 위한 국립보존상을 수상했으며 역사적 건축물을 통하여 도시의 역동성을 유지하고 지역사회의 경제 활성화를 통한 모범적인 도시 재생 사례 중 하나로 평가됨

• 페리 빌딩

출처: wilsonmeany.com/project/ferry-building/

■ 주요 제원

구분	내용
위치	1 Ferry Building, San Francisco, California
시행 면적	2.8ac(1.1ha)
건축가	아서 페이지 브라운(Arthur Page Brown)
시행사	ROMA Design Group
추진 일정	1892~1898년
용도	터미널
특징	- 샌프란시스코의 랜드마크로 지정되었으며 국가 사적지로 등재됨 - 샌프란시스코 엠바카데로에 있으며 골든 게이트 페리(Golden Gate Ferry)와 샌프란시스코 베이 페리(San Francisco Bay Ferry) 노선이 운행 - 건물 꼭대기에는 245ft(75m) 높이의 시계탑이 있으며, 각각 직경이 22ft(6.7m)인 4개의 시계 다이얼로 구성됨 - 건물의 1층에는 약 50개의 레스토랑, 소매점 및 식품 공급업체가 있는 시장이 있음 - 2020년 10월 9일부터 샌프란시스코 온라인 커뮤니티 라디오 방송국 BFF.fm이 페리 빌딩에서 생중계를 시작함

2. 페리 빌딩 개발 경과

■ 1898년 페리 터미널의 완공으로 샌프란시스코 베이의 교통의 중심지 역할을 함

■ 1930년대에 베이 브리지와 금문교가 완공될 때까지 페리 빌딩은 런던의 채링 크로스역에 이어 세계에서 두 번째로 붐비는 페리 환승 터미널이었음

■ 1939년에는 여객선 이용이 급격히 감소하며 건물의 활용도가 낮아짐

■ 1950년대 후반 페리 빌딩 앞을 지나는 엠바카데로 고속도로가 건설되어 한때 유명했던 랜드마크의 전망이 마켓 스트리트에서 크게 가려짐

■ 1989년 10월 로마 프리에타(Loma Prieta) 지진 동안 엠바카데로 프리웨이(Embarcadero Freeway)의 구조적 실패로 샌프란시스코는 그것을 재건할지 아니면 고속도로를 없애고 도시를 동부 해안가 및 역사적인 페리 빌딩과 연결할지를 검토함

■ 1950년대의 종합적인 고속도로 계획이 도시의 성격에 맞지 않는다는 거부의 일환으로, 그리고 고속도로의 일반적인 인기가 없었기 때문에 아트 애그노스 (Art Agnos) 시장은 엠바카데로 고속도로를 완전히 없애는 책임을 주도함

■ 1992년까지 고속도로가 없어졌고 샌프란시스코는 새로 정리된 공간을 활성화하고 대중에게 접근할 수 있도록 하며 페리 서비스를 다시 도입할 포괄적인 항구 개발 계획을 수립함

■ 재개발 계획과 함께 1998년 번화한 항구 도시로서의 샌프란시스코 역사의 상징이었던 이유로 이 건물을 샌프란시스코의 미래의 상징으로 만들기로 결정함

■ 2003년 페리 빌딩 복원 완료

• 측면에서 바라본 페리 빌딩

• 페리 빌딩 내부 상가

• 페리 빌딩에서 주말마다 열리는 농수산 마켓.

5. 트랜스베이 프로그램
샌프란시스코 도시 교통 복합 개발 전략

1. 프로젝트 개요

- Transbay Program. 샌프란시스코 금융지구인 SOMA(South of Market)에 위치한 트랜스베이 도시 교통 복합 개발 프로그램으로 TJPA(Transbay Joint Powers Authority)가 주관하는 프로그램

- 3단계로 개발되었는데 1단계는 복합 환승 센터인 트랜싯 센터 건립, 2단계는 철도 노선 확장 개발, 3단계는 트랜싯 센터를 중심으로 한 오피스, 상업 지역 재개발로 이루어짐

- 주요 복합 건물로 세일즈포스 타워(Salesforce Tower), 파크 타워(Park Tower), 오피스 건물 및 주거 건물들이 개발되었으며 특히 세일스 포스 센터 최상층에 위치한 공중 정원은 5.4ac 규모의 공공 공원으로 도심 속 녹색 공원으로서 1만 6,000종류의 다양한 식물, 산책로, 예술 작품 및 휴식 공간들을 지역 주민들에게 제공하는 명소임

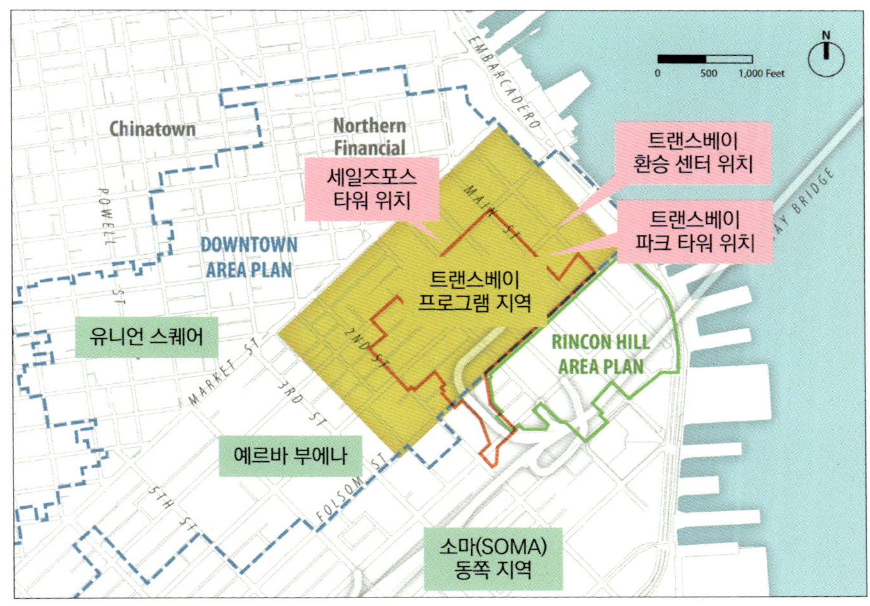

• 트랜스베이 프로그램 지역 및 주요 시설물 위치

출처: www.platformspace.net

■ 주요 제원

구분	내용
위치	425 Mission Street San Francisco, California
시행 면적	총 면적 22,000m^2(길이: 440m/너비: 50m)
시행사	Pelli Clarke Pelli Architects(PCPA)
완공	2018년
용도	샌프란시스코 주요 버스 터미널이자 대중교통 역
특징	- 지하를 포함해 총 4개의 층으로 구성되어 있으며 1층에는 입구, 소매 공간, 매표소, 무니 골든 게이트 트랜싯(Muni/Golden Gate Transit) 탑승 플랫폼이 있고 2층에는 소매 공간, 푸드 홀, 사무실, 그레이하운드 티켓 카운터 및 대기실이 있음 - 다운타운 철도 연장(Downtown Rail Extension)의 일부로 칼트레인(Caltrain)과 캘리포니아 하이 스피드 레일(California High-Speed Rail) 이 운행하는 2층짜리 지하철 역이 추가될 예정임

• 트랜스베이 트랜싯 센터

출처: www.world-architects.com

• 트랜스베이 세일즈포스 센터 공중 정원

출처: americas.uli.org

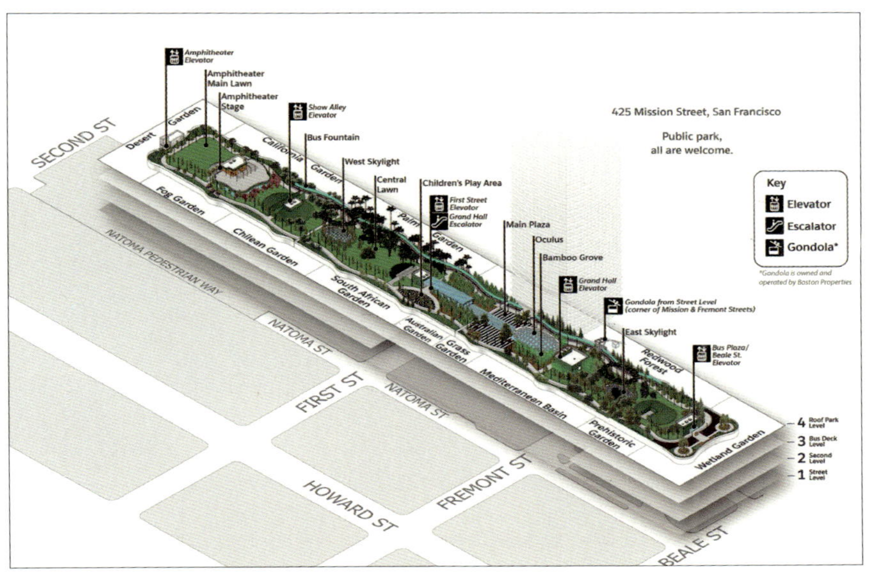

• 트랜스베이 세일즈포스 센터 공중 정원 지도

출처: www.tjpa.org

2. 트랜스베이 개발 개요

■ 개발 단계별 과정
- 1단계: 복합 환승 센터인 트랜스베이 트랜싯 센터 건립과 기존 버스 교통 시스템을 유지하기 위한 임시 버스 터미널 건립, 버스 보관소 건립
- 2단계: 도시 공간에 배치된 기존 대중교통 체계를 트랜싯 센터에 집적화하여 효율적인 연계 환승을 위한 철도 노선 확장 개발 및 바트(BART) 정류장, 임시 터미널과의 보행자 연계를 위한 지하 터널 계획
- 3단계: 트랜싯 센터를 도심의 중심으로 개편하기 위한 역세권 재개발을 포함한 다운타운 계획

• Transbay Program 개발구역 1, 2 위치

출처: 정용화, 박용서. (2020). 고속철도역사 기반 역세권 개발 관련 지속가능성에 관한 연구, 3p

■ 트랜스베이 개발구역 1
- 이전에 고속도로였던 공공 토지를 새로운 복합 용도·주거 커뮤니티로 전환
■ 트랜스베이 개발구역 2
- 트랜스베이의 북쪽 부분에 있으며 세일즈포스 트랜짓 센터, 세일즈포스 타워, 미션 스트리트와 하워드 스트리트를 따라 있는 대부분의 상업용 부동산을 포함
■ 트랜스베이 개발 목표 상세
- 총 주택 3,800세대(저가 주택 1,400세대 포함)
- 공원과 광장 3.5ac
- 사무실 및 소매 공간 80만ft²

3. 세일즈포스 타워

■ 프로젝트 개요
- 고객 관리 솔루션(CRM)을 중심으로 클라우드 컴퓨터 서비스를 제공하는 기업 세일즈포스의 본사 건물
- 높이가 총 330m(61층)로, 샌프란시스코에서 가장 높은 초고층 빌딩이자 대표 랜드마크로서 2018년 완공됨
- 2007년도 하인스라는 디벨로퍼가 부지를 매입해서 세사르 펠리 건축사에서 설계한 오피스 복합 공간으로, 사무실, 소매, 주거 용도가 혼합되어 있음
- 현재 주요 세입자는 클라우드 기반 소프트웨어 회사인 세일즈포스이며 모든 세일즈포스 타워 최상층에는 오하나 플로어(Ohana Floor)가 위치해 투숙객을 위한 전망대 겸 휴게실 역할을 하고, 주말 및 저녁에는 비영리 단체가 사용함

• 세일즈포스 타워

▣ 주요 제원

구분	내용
위치	415 Mission Street San Francisco, California
시행 면적	높이 326m, 총면적 130,000m², 총 61층
소유주	Boston Property(95%), Hines Interests(5%)
시행사	Boston Property
건축가	Pelli Clarke Pelli Architects
추진 일정	2013~2018년
용도	오피스 복합 건물
특징	- 지진 위험이 큰 수변 근처의 육지에 위치해 있어 강력한 지진에 견딜 수 있도록 모델링된 설계를 채택함 - 최상층은 사회, 교육, 문화 사업을 위한 비영리 단체 및 자선단체에게만 공간을 제공 - 오하나(Ohana)는 하와이어로 '가족'을 의미하며, 직원, 파트너, 고객 간의 유대 관계를 표현

■ 프로젝트 경과
- 2007년 부지 사용권과 매입을 위한 경쟁에서 하인스(Hines)와 세사르 펠리(César Pelli) 건축사의 유한 파트너십이 선정됨
- 2012년 디벨로퍼인 보스턴 프로퍼티(Boston Property)에서 부지의 50% 소유권 취득, 2013년 하인스의 나머지 부지를 사들여 95% 취득
- 아르헨티나계 미국인 건축가 세사리 펠리가 설계했으며 하인스 인터레스츠 리미티드 파트너십(Hines Interests Limited Partnership) 및 보스턴 프로퍼티스가 개발
- 세일즈포스 타워의 중심에는 건물의 주요 하중을 지지하며 특히 지진에 대한 저항력을 높이는 데 중요한 역할을 하는 강력한 철근 콘크리트 코어가 있으며, 코어를 중심으로 구조용 강철 프레임이 있고, 건물의 외관은 유리와 강철로 구성된 커튼 월로 덮여 있음
- 타워의 꼭대기에는 예술가 짐 캠벨(Jim Campbell)이 제작한 9층 높이의 전자 조명 조각품인 〈데이 포 나이트(Day for Night)〉가 있으며 최대 30마일 떨어진 곳에서도 볼 수 있는 세계에서 가장 높은 공공 예술 작품으로 간주됨

• 세일즈포스 타워 최상층 오하나 플로어

• 오하나 플로어에서 본 샌프란시스코 시내 전망

4. 파크 타워 앳 트랜스베이(Park Tower at Transbay)

■ 프로젝트 개요

- 43층, 184m의 고층 건물로, 원래 주거 지역 개발을 위한 구역으로 지정되었으나, 샌프란시스코 지역사회 투자 및 인프라 사무국에서 사무 공간을 위한 고층 건물로 변경함
- 건물의 개발 그룹 4개(Golub Real Estate, John Buck Company, Goettsch Partners, Solomon Cordwell Buenz)가 2015년 9월 1억 7,250만 달러를 지불하고 부동산을 매입했고 최종 메트라이프(Metlife)가 95% 소유함(3억 4,500만 달러의 가치)
- 2019년 오픈과 동시에 페이스북 임대 확정

• 파크 타워 앳 트랜스베이의 외부

■ 주요 제원

구분	내용
위치	250 Howard Street San Francisco, California
시행 면적	총 43층, 각 층 면적 69,000m², 높이 170m(구조물 전체 높이 184m)
건축가	건축사 Goettesch Partners(GP), Solomon Cordwell Buenz(SCB)
시행사	Metlife Inc., John Buck Co.
추진 일정	2015~2018년
용도	오피스 건물
특징	- 트랜스베이 지역의 하워드 스트리트와 빌(Beale) 스트리트의 모퉁이에 위치한 80만 3,700ft²의 타워는 새로운 트랜스베이 트랜싯 센터 건너편에 있으며 샌프란시스코 베이에서 단 3블록 떨어져 있음 - 건물의 북서쪽과 남동쪽 모서리 모두에 다수의 대형 야외 테라스가 있음 - 605ft 높이의 타워는 3개의 다른 바닥판을 통합하는 매스로 설계

6. 엠바카데로 센터
샌프란시스코의 도심 복합개발지구

1. 프로젝트 개요

- Embarcadero Center. 5개의 오피스 타워, 2개의 호텔, 125개 이상의 상점, 바, 레스토랑이 있는 쇼핑 센터, 3층의 피트니스 센터로 구성된 복합 상업 시설이 있는 샌프란시스코의 도심 복합 개발 지구
- 트램멜 크로(Trammell Crow), 데이비드 록펠러(David Rockefeller) 및 존 포트먼(John Portman) 3개 사가 개발한 프로젝트로 1971년 타워 원(Tower One)에서 시작되었으며 마지막으로 외부 복합 확장인 엠바카데로 웨스트(Embarcadero West)는 1989년에 완료됨
- 480만ft²(44만 5,900m²) 복합 단지 내 1만 4,000명을 수용할 수 있는 사무실과 소매점, 식당, 엔터테인먼트 및 영화관 기능을 수용하는 복합 용도 공간이 있으며 엠바카데로 센터 맞은편에는 페리 빌딩이 위치함

• 엠바카데로 센터

■ 주요 제원

구분	내용
위치	CA 94111 San Francisco, California
시행 면적	480만ft^2(445,900m^2)
건축가	Trammell Crow, David Rockefeller 및 John Portman
시행사	Metlife Inc., John Buck Co.
추진 일정	1971~1989년
용도	복합 상업 시설, 금융지구
특징	- 엠바카데로 센터는 9.8ac(4.0ha) 부지 내 클레이 스트리트(북쪽), 새크라멘토 스트리트(남쪽), 배터리 스트리트(서쪽), 엠바카데로(동쪽)로 구성됨 - 복합 단지 내에는 1만 4,000명을 수용할 수 있는 사무실과 함께 소매점, 식당, 엔터테인먼트 및 영화관 기능을 수용하는 복합 용도 공간이 있음 - 엠바카데로라는 말은 스페인어로 승객이나 화물 등을 싣는 선적장이라는 뜻으로 실제 엠바카데로 지역 인근에 샌프란시스코의 1번 부두가 위치함 - 45번까지 번호가 매겨져 있는 부두는 페닌슐라의 동북쪽 해변 부근에서 부터 시작해 반 시계 방향으로 북쪽까지 바다를 향해 뻗어 있음

2. 주요 건물

Name	Height	Floors	Year	Notes
One	173 m 568 ft	45	1971	[4]
Two	126 m 413 ft	30	1974	[5]
Three	126 m 413 ft	31	1977	[6]
Four	174 m 571 ft	45	1982	[7]
Five (Hyatt Regency)	77 m 253 ft	20	1973	[8]
Embarcadero West	123 m 404 ft	34	1989	Detached from main complex, sold in 2005, no longer part of the complex [9]
Le Méridien	96.36 m 316.1 ft	25	1988	Formerly the Park Hyatt Hotel [10]

Embarcadero Center campus & surroundings
❶ One Embarcadero Center
❷ Two Embarcadero Center
❸ Three Embarcadero Center
❹ Four Embarcadero Center
❺ Five Embarcadero Center (Hyatt Regency San Francisco)
❻ Embarcadero West
❼ Le Méridien San Francisco
❽ Embarcadero Plaza
❾ *Vaillancourt Fountain*
❿ Sue Bierman Park

• 엠바카데로 센터*

1) 원 엠바카데로 센터(One Embarcadero Center)

• 원 엠바카데로 센터 외부*

- 금융 지구에 있는 A급 사무실 마천루

- 45층의 높이(173m)로 1971년에 완공됨

- 2021년 기준 보스터 프로퍼티스가 건물을 소유하고 있음

2) 투 엠바카데로 센터(Two Embarcadero Center)

• 투 엠바카데로 센터 외부*

- 엠바카데로 외곽에 위치한 사무실 마천루
- 1974년에 완공된 126m(413ft), 30층 타워는 7개 타워로 구성된 엠바카데로 센터의 일부이며 그중 2개는 호텔

3) 스리 엠바카데로 센터(Three Embarcadero Center)

• 스리 엠바카데로 센터 외부*

- 샌프란시스코의 금융 지구에 위치한 사무실 마천루

- 31층 높이 126m(413ft)로 1977년에 완공됨

- 6개의 상호 연결된 건물과 1개의 외부 확장 건물로 구성된 엠바카데로 센터
  의 일부

4) 포 엠바카데로 센터 9(Four Embarcadero Center 9)

• 포 엠바카데로 센터 외부*

   – 샌프란시스코 금융 지구에 있는 A급 오피스 빌딩

   – 45층 높이 174m(571ft)로 1982년에 완공됨

5) 파이브(Five, Hyatt Regency)

• 파이브 외부*

- 샌프란시스코 금융가의 마켓 스트리트와 엠바카데로 부근에 위치한 호텔
- 아트리움은 길이 107m, 너비 49m, 높이 52m(15층)이며 가장 큰 호텔 로비로 기네스 세계 기록(2012년 기준) 보유

6) 건물 간 연결 동선(산책길)

- 엠바카데로 센터 복합 개발 지구 산책길

7. 오라클 파크 야구장
전 세계에서 가장 아름다운 야구장

1. 프로젝트 개요

- Oracle Park. 샌프란시스코의 멋진 바다를 전망할 수 있는 전 세계에서 가장 아름다운 야구장으로, 미국 메이저 리그 샌프란시스코 자이언츠의 홈구장이며, 수용 인원은 4만 930명에 이름

- 2000년 4월 12일 LA 다저스와 첫 개장 경기를 진행했고, 당시 박찬호 선수가 선발 투수이자 승리 투수로 활약했으며 우익수를 넘어 홈런을 치면 맥코베이 코브(McCovey cove) 바다로 떨어지는 초대형 홈런인 스플래시 히트(Splash hit)로 유명

- 1996년 퍼시픽 벨 파크, 2004년 SBC 파크, 2006년 AT & T 파크, 최종적으로 2019년 오라클사와 계약하면서 오라클 파크로 변경되어 명칭이 총 4번 변경됨

• 오라클 파크 야구장

▣ 주요 제원

구분	내용
위치	24 Willie Mays Plaza, San Francisco, California
시행 면적	좌측: 111m(364ft) 좌측 중앙: 123m(404ft) 중앙: 122m(399ft) 우측 중앙: 128m(421ft) 우측: 94m(309ft)
건축사	Populous
추진 일정	1997~2000년
용도	스포츠 경기장(야구, 풋볼, 축구, 럭비)
건설 비용	35억 7,000만 달러
특징	- 경기장을 친환경적으로 설계하여 친환경 건물 인증 체제(LEED: Leadership in Energy and Environmental Design) 1등급이며 지진에 대비하여 경기장이 구조적으로 분리될 수 있도록 설계됨

• 오라클 파크 야구장 입구

2. 기타 특징

1) 샌프란시스코 자이언츠(San Francisco Giants)

- 샌프란시스코 자이언츠는 1883년 뉴욕 고담스로 설립, 3년 후 뉴욕 자이언츠로 개명
- 1958년 샌프란시스코로 팀을 옮김, MLB(Major League Baseball)에서 내셔널 리그 서부 부서의 멤버 클럽으로 경기를 진행
- 가장 오래되고 많이 우승한 프로야구 팀 중 하나로, 8번의 월드 시리즈 챔피언십 우승으로 내셔널 리그 2위, 종합 5위를 차지함
- 야구장 장외 홈런을 치면 맥코베이 코브 바다로 빠지는 스플래시 히트가 현재까지 102개 기록됨. 그중 35개가 전설적인 메이저리그 홈런왕인 베리 본즈(Barry Bonds)의 기록임

• 샌프란시스코 자이언츠의 로고*

• 오라클 야구장의 주변 바다인 맥코베이 코브

2) 친환경 등급 LEED 플래티넘 인증

- 오라클 파크는 LEED 플래티넘을 인증받은 최초의 메이저 리그 야구장
- 경기장 운영에서 지속가능성과 효율성을 달성하기 위한 자이언츠와 파트너인 에이블 서비시스(Able Services) 및 고비(Goby)의 노력을 인정받음
- 특히 자이언츠는 오라클 파크에서 전력과 물을 절약하고 폐기물을 재활용하며 재생 가능 에너지원과 프로그램을 구현하기 위한 공동의 노력으로 지난 10년 동안 은상(2010)과 금상(2015) 인증을 모두 받음
- 경기장 내부에 친환경 등급 LEED를 야구 글러브로 표시해 놓은 것이 특징

• 오라클 파크의 친환경 인증 LEED 야구 글러브

8. 미션 베이
과거 공업 지구를 주거, 상업, 공공 복합 지구로 개발

1. 프로젝트 개요

- Mission bay. 샌프란시스코 동쪽 303ac(123ha) 지역에 위치하며 과거 철도, 창고 등 공업 지역이었음
- 원래 공업 지역이었던 곳을 주거, 상업, 의료, 레포츠 등 복합 개발 지역으로 재개발함
- 1990년대 후반부터 본격적으로 개발된 복합 개발 프로젝트로 주거, 상업, 의료, 레포츠 및 공공시설 등으로 2030년대까지 개발될 샌프란시스코의 새로운 거점으로 부상함

• 미션 베이
출처: www.sdisf.com/mission-bay-bayfront-park

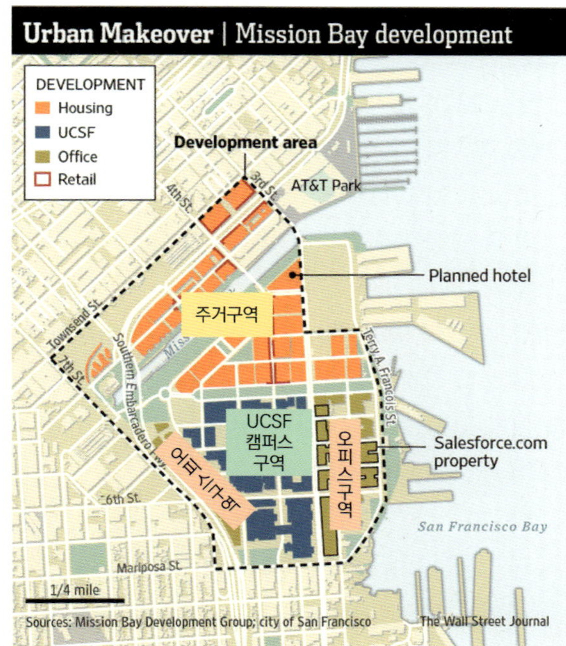

• 미션 베이 개발 구역 구분
출처: Mission Bay Development Group; city of San Francisco

2. 개발 역사

■ 도시화 이전의 미션 베이는 500ac 이상의 염습지와 석호 내부에 자리 잡음

■ 1850년까지 이 지역은 조선 및 수리, 도살 및 육류 생산, 어패류 낚시에 사용. 철도가 추가되면서 이 지역은 조선소와 통조림 공장, 설탕 정제소 및 다양한 창고의 본거지로 자리하여 빠르게 공업지대로 변모

■ 1906년 지진으로 인한 잔해의 투기장으로 사용

■ 1998년에 감독 위원회에서 재개발 계획을 수립함

■ 2010년 이후 주거, 상업 공간, 공원 및 교육 기관을 포함한 마스터 플랜에 의거 개발되기 시작

■ 주요 프로젝트 개발 내용

- UCSF 캠퍼스: 미션 베이 재개발의 앵커 중 하나는 생명과학 연구, 교육 및 환자 치료에 중점을 둔 캘리포니아 대학교 샌프란시스코 제2 캠퍼스임

- 주거 개발: 미션 베이에는 증가하는 인구를 수용하기 위해 저렴한 주택을 포함한 수천 개의 새로운 주택을 개발하는 계획이 포함됨

- 상업 및 소매 공간: 미션 베이 계획에는 지역 기업, 소매 및 서비스를 지원하기 위한 상업 공간을 제공

- 공원과 오픈 스페이스: 주민과 방문객에게 수변 공원과 오픈 스페이스를 제공

- 교통: 샌프란시스코의 주변 지역과의 연결성을 개선하는 교통망 확대와 버스, 자전거 도로, 보행자 도로 등을 확장함

- 유틸리티 및 거리: 새로운 거리, 유틸리티 및 이전 산업 용지의 환경 개선을 포함하여 이 지역의 인프라를 완전히 개편하고자 함

■ 미션 베이 프로젝트 개발 효과

- 경제 개발: 미션 베이는 생명공학 산업의 중심지가 되어 샌프란시스코의 경제에 크게 기여했으며 스타트업을 끌어들임

- 지속적인 개발: 미션 베이의 개발은 계속 진화해 왔으며 골든 스테이트 워리

어스의 본거지 역할을 하는 최첨단 경기장인 체이스 센터를 포함한 새로운 프로젝트와 시설이 추가되고 있음

3. 주요 시설

1) 체이스 센터(Chase Center)

- 2019년 개장한 미션 베이 인근에 위치한 실내 경기장
- NBA의 골든 스테이트 워리어스(Golden State Woirriors)의 홈 경기장이며 때로는 NCA의 샌프란시스코 대학교 농구팀의 홈 경기장이기도 함
- 58만ft²(5만 4,000m²)의 사무실 및 연구실 공간과 10만ft²(9,300m²)의 소매 공간이 있으며 조경 건축 회사인 SWA 그룹이 설계한 3만 5,000ft² 규모의 공공 광장 및 휴양 공간도 위치한 복합 문화 공간임

• 체이스 센터 외부

2) UCSF 메디컬 센터(Medical Center)

■ 캘리포니아 대학 샌프란시스코 캠퍼스(University of California, San Francisco)의 의료 시설 중 하나로 혁신적인 의학 연구와 치료를 수행하는 국제적으로 유명한 의료 기관

■ 환자 치료 및 진단, 의료 서비스 제공을 위한 최첨단 의료 시설이 위치해 있을 뿐만 아니라 우수한 연구와 치료를 수행

■ UCSF 미션 베이 의대는 높은 수준의 의료 서비스와 연구를 통해 국제적으로 인정받는 선도적인 의료 기관으로, 샌프란시스코의 의료 산업과 생명과학 분야에 큰 기여를 함

• UCSF 메디컬 센터 외부

3) 미션 록(Mission Rock) 지역

- ■ 샌프란시스코 자이언츠 야구단이 소유한 부지로 28ac에 이르는 대규모 복합 개발 프로젝트
- ■ 주거 공간, 상업 시설, 문화 시설 등으로 구성된 대규모 복합 단지를 조성하는 것을 목표로 함
- ■ 기존에 사용되지 않던 지역이나 산업용 지역을 활용하여 새로운 도시 환경을 조성하고 도시의 경제와 생활 품질을 향상시키고자 함
- ■ 미션 록 개발 목표
- - 8ac의 새로운 공원과 오픈 스페이스 확대
- - 대략 1,200개의 신규 임대주택
- - 해수면 상승 대비 시설
- - 피어 48의 보수 및 재건설
- - 일자리 보존과 창출
- - 블루 그린웨이(Blue Greenway) 트레일을 따라 공공 해안가 접근 개선

• 미션 록 지역

9. 도그패치
대형 창고 부지에서 조화로운 관광명소로 탈바꿈

1. 프로젝트 개요

- Dogpatch. 샌프란시스코 남동쪽 3마일 떨어진 지역에 위치한 지역으로, 과거 해군 조선소, 발전소 등이 있었던 산업 유휴 지역을 재생하여 주거, 문화 예술, 엔터테인먼트, 오피스 및 학교 등 복합 개발 지구로 2035년까지 지속적으로 개발 중

- 과거 아메리카 원주민이 사냥터로 산발적으로 사용하던 곳으로 역사의 상당 부분 동안 무인 지대였음. 1700년대 후반, 스페인 선교사들이 언덕에서 소가 풀을 뜯는 광경을 보며 이 지역을 도그패치 앤드 포트레로 힐(Dogpatch and Potrero Hill)이라고 명명했다고 전해짐

• 도그패치

출처: www.sfchronicle.com

2. 개발 경과

- 제2차 세계대전에 참전하기로 한 미국의 결정으로 해군 함선을 건조했던 조선소가 이끄는 도그패치에서 조선 및 관련 산업 붐이 일어남
- 19세기 조선업과 관련된 산업 발전
- 20세기 중반 제조업의 쇠퇴로 산업 활동 감소
- 20세기 말 예술가 및 창의적 산업 전문가들의 창업적 공간으로 변모
- 21세기 주거 및 상업 건물, 공공 공간을 결합한 복합 개발 프로젝트로 진행 중임

3. 대표 프로젝트

1) 미네소타 스트리트 프로젝트(Minesota Street Project)
(1) 프로젝트 개요

- 과거 산업 단지였던 도그패치 지구에 3개의 보세 창고를 13개의 영구 임대 미술관과 다양한 팝업 공간으로 재생한 사례
- 다양한 미술 전시회가 개최되며, 지역 학교 학생들의 작품 전시회 등 아트 갤러리, 예술가 관련 비영리 단체들에게 문화적으로 지속가능한 공간을 제공
- 3개의 창고 공간을 통해 단기적으로는 샌프란시스코의 현대 미술 공동체 유지 및 강화, 장기적으로는 국제적으로 인정받는 예술의 중심지로 개발하고자 함
  ※ Minnesota 1275, 1150 A동과 B동, 1240 총 3개의 갤러리 공간 재생

- 미네소타 스트리트 프로젝트의 설립자 데보라 레파포트와 앤디 레파포트는 2016년 3월 실리콘 밸리의 혁신적 성격과 맞는 예술의 대체 모델이 필요하다는 믿음으로 예술에 대한 자선적 지원을 시작함
- 예술 기업, 전문가들의 경제적 성공 공유를 통한 신진 예술가의 활동 및 후원 장려를 목표로 함
- 미술관 공간 개발로 인하여 주변 아파트 및 상가가 신규로 개발되었으며 샌프란시코에서 가장 유명한 커피 브랜드인 필즈 커피(Philz Coffee) 등이 새롭게 생겨나 젊은이들의 거리로 재생됨
- 입장료는 무료이며 탈북화가인 송벽 씨가 2018년 11월 1개월간 전시회를 가진 바 있음

• 미네소타 1275 갤러리 외부

■ 갤러리 건물 위치

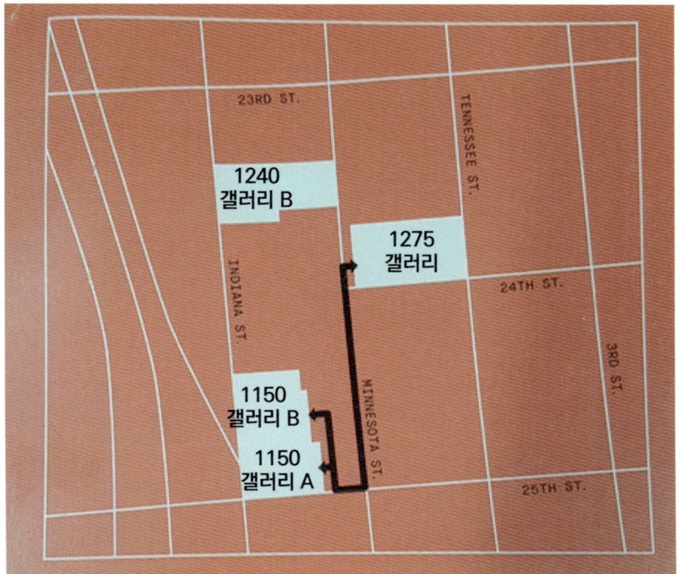

(2) 주요 시설물

■ 미네소타 1275

– 10개의 영구 임대 전시 공간, 4개의 임시 팝업 전시 공간, 회의실, 식당 등

• 미네소타 1275의 내부

• 미네소타 1275 내부 전시 공간

◾ 미네소타 1150 빌딩 A와 B

 - 미네소타 1150 빌딩 A: 프로젝트 행정실 및 서비스 공간

 - 미네소타 1150 빌딩 B: 3개의 전시 공간

• 미네소타 1150의 외부

◾ 미네소타 1240

 - 80개의 개인 스튜디오, 워크숍 공간 등

• 미네소타 1240 외부

▣ 주변 아파트 및 상가
– 프로젝트의 일환으로 신축 개발 및 건축되어 공급됨

• 미네소타 프로젝트 주거 및 상업 단지

• 미네소타 프로젝트 주거 및 상업 단지

2) 파워 스테이션(오래된 발전소를 주거 복합 시설로 재생)

- 1854년 건설되었던 발전소는(29ac) 오염이 심각하여 2011년 작동이 중단되었고 어소시에잇 캐피털(Associate Capital)이 2017년 인수했고 영국의 건축 회사 포스터 파트너스(Foster+Partners)와 스위스의 건축사무소 헤르초크 앤드 드 뫼롱(Herzog & De Meuron)과 협력하여 2,600가구 주거 단지, 60만m²의 연구소, 10만m²의 소매 호텔 및 편의 시설 등으로 구성된 복합 건물로 재개발 예정
- 2023년에 프로젝트 개발을 시작했으며 2035년까지 완성될 것으로 예상됨

• 포르테로 발전소(Potrero Generating Station) 출처: www.businessinsider.com

141

3) 히스토릭 피어 70(Historic Pier 70) 재생

(1) 프로젝트 개요

- 피어 70(Pier 70)은 샌프란시스코 포트레로 포인트(Potrero Point) 인근의 역사적인 부두임
- 이곳은 두 차례의 세계대전 동안 샌프란시스코에서 가장 큰 산업 현장 중 하나였으며 오늘날에는 미시시피 서부에서 가장 잘 보존된 19세기 산업 단지로 간주됨
- 골드 러시 이후 조선업에 사용되었고 1883년 유니언 아이언 웍스(Union Iron Works)의 본거지가 된 이후 다양한 산업 분야에 사용됨

• 피어 70 건물의 외부   출처: pier70sf.com

(2) 프로젝트 경과

- 2017년 1월 3일 현재 이 시설은 워싱턴주에서 다른 2개의 선박 수리 시설을 운영하는 푸글리아 엔지니어링(Puglia Engineering, Inc)에 의해 운영
- 2015년 샌프란시스코 항구는 오턴 디벨롭먼트(Orton Development, Inc.) 및 포레스트 시티 디벨롭먼트(Forest City Development)와 협력하여 상업용 및 주거용 복합 용도로 1억 2,000만 달러 규모의 재개발 시작
- 현재 건물 중 일부는 피어 70 파트너스(Pier 70 Partners)가 운영하는 대규모 이벤트 장소로 사용되고 있음

10. 미션 디스트릭트
중남미 이민 문화의 향취가 느껴지는 활기찬 거리

1. 프로젝트 개요

- Mission District. 1776년 지어진 돌로레스 선교원에서 이름을 가져왔으며 라틴 문화의 뿌리에 세련된 분위기가 느껴지는 활기찬 개발 지역
- 1980년대, 1990년대 당시 내전과 정치적 불안정을 피해 중미, 남미, 중동 등에서 다수가 이민하며 개발됨
- 미션 디스트릭트는 4개의 하위 지구로 나누어짐.
 - 포트레로 힐에 인접한 북동쪽 사분면은 세련된 바와 레스토랑을 비롯한 첨단 기술 창업 기업의 중심지
 - 돌로레스 스트리트(Dolores Street)의 북서쪽 사분면은 빅토리안(Victorian) 맨션과 18번가의 유명한 돌로레스 공원으로 유명
 - 발렌시아 회랑(Valencia St, 약 15~22번가)으로 알려진 두 개의 주요 상업 구역과 미션 디스트릭트의 남쪽 중앙 부분에 있는 칼레 24(Calle 24)로 알려진 24번가 회랑은 모두 인기 있는 관광지

• 미션 디스트릭트

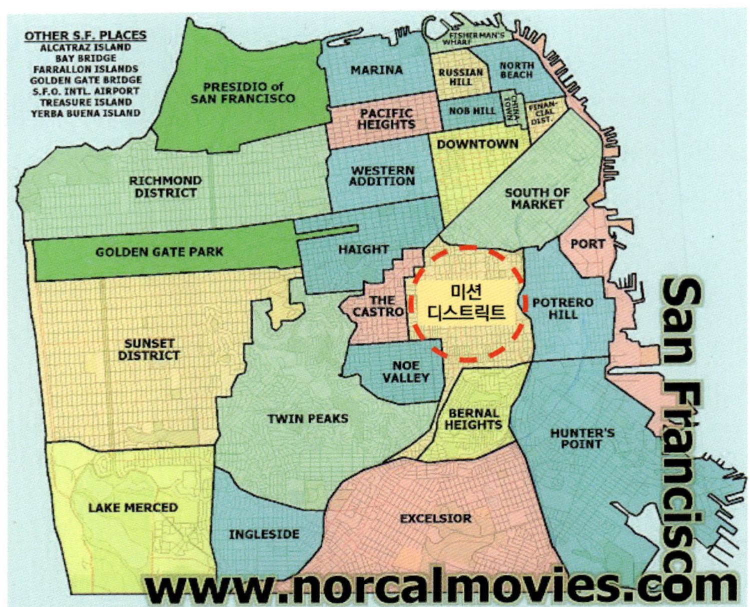

• 미션 디스트릭트 위치   출처: www.flickr.com/photos/edibleoffice/4810680310/

2. 개발 경과

- 1776년 스페인 선교사들에 의해 설립된 선교부(Mission Sanfrancisco de Asis)에 의해 설립된 교회를 중심으로 발전
- 1960년대와 1970년대에 선교부 서부 지역(발렌시아 회랑 포함)의 치카노·라틴계 인구는 다소 감소했고 게이와 레즈비언(기존 LGBTQ 라틴계 인구와 함께)을 포함한 중산층 젊은이들이 대거 유입
- 1970년대 중반부터 1980년대까지 발렌시아 스트리트(Valencia Street) 회랑에는 미국에서 가장 집중되고 눈에 띄는 레즈비언 동네 중 하나가 포함됨. 위민스 빌딩(Women's Building)과 더 렉싱턴 클럽(The Lexington Club)은 그 공동체의 일부
- 1980년대부터 1990년대, 내전과 정치적 불안정을 피해 중미, 남미, 중동, 필리핀과 구 유고슬라비아에서 온 이민자와 난민이 대거 유입
- 1990년대 후반부터 2010년대까지, 특히 닷컴 붐 동안 젊은 도시 전문가들이 이 지역으로 이주해 옴
- 이때 젠트리피케이션을 촉발하여 임대료와 주택 가격이 상승함
- 임대료와 주택 가격이 상승함에도 불구하고 많은 멕시코 및 중미 이민자들이 미션에 계속 거주하고 있으나 지역의 높은 임대료와 집값으로 인해 라틴계 인구가 감소하고 있음

3. 주요 명소

1) 돌로레스 공원(Dolores Park)

- 과거 유대인 공동묘지 및 난민 캠프로 사용되던 부지를 공원으로 재생한 사례로 샌프란시스코에서 가장 인기 있는 공원 중 하나임
- 공원의 경사에 의해 남서쪽에서 탁 트인 전망을 볼 수 있으며 공원의 남쪽

절반이 미션 지구, 샌프란시스코만과 이스트만의 전망으로 유명함
- 축구장, 테니스 코트, 농구 코트, 다목적 코트, 놀이터가 조성되어 있으며 다양한 문화 활동이 활발하게 일어나는 공원임
- 최근 몇 년 동안 야외 휴식을 원하는 샌프란시스코 사람들과 휴양객이 늘어나 주말에는 최대 7,000~1만 명에 달하는 사람들이 모여들고 있음

• 돌로레스 공원

2) 클라리온 앨리 스트리트 아트 커뮤니티(Clarion Alley Street Art community)

- 클라리온 앨리는 샌프란시스코의 미션 디스트릭의 미션 거리와 발렌시아가 거리 17번가와 18번가 사이에 위치한 작은 골목의 공공 미술 프로젝트
- 독특하고 다채로운 거리 미술 커뮤니티인 '클라리온 앨리 스트리트 아트 커뮤니티'가 형성되어 있으며 공공 미술 프로젝트를 통해 다양한 예술가들이 작품을 전시하고 홍보하는 공간으로 활용됨

- 1992년부터 클라리온 앨리 벽화 프로젝트(Clarion Alley Mural Project)에 의해 벽화로 뒤덮인 것이 특징이며 이외에도 아메리칸 인디언 센터, 프로모토라스 라티나스 콤무니타리아스 데 살루드(Promotoras Latinas Comunitarias de Salud)를 포함한 지역 사회 및 예술 활동으로 유명함

• 클라리온 앨리 스트리트

3) 도그 이어드 북스(Dog Eared Books)

- 샌프란시스코에 있는 공익 서점으로 시내의 여러 지점에 위치
- 다양한 장르의 새 책, 중고 책, 카드, 잡지, 달력, 빈 공책 등을 판매하며 지역 사회와의 교류를 증진시키는 데 기여하고 있음
- 이 서점은 책을 구매하는 곳뿐만 아니라 독서와 문학을 즐기는 커뮤니티의 중심지로서도 기능하며 독서 모임이나 토론 그룹, 작가와의 대화 이벤트 등 다양한 활동을 통해 독자들과 문학을 함께 즐길 수 있는 공간을 제공함

• 도그 이어드 북스 외부

4) 위민스 빌딩(Women's Building)

- 미션 디스트릭트에 위치한 여성이 주도하는 비영리 예술 및 교육 커뮤니티 센터로 자기 결정, 성 평등 및 사회 정의를 옹호하는 단체임
- 4층 건물은 여러 임차인에게 임대되며 연간 2만 명 이상의 여성에게 서비스를 제공하고 있으며 1979년 이후로 행사 및 회의 공간으로 사용되고 있음

• 위민스 빌딩

11. 5M 프로젝트

노후화된 지역을 커뮤니티형 도시 복합 재개발 프로젝트로 재생

1. 프로젝트 개요

- 피프스 스트리트, 미션 스트리트, 하워드 스트리트 주변 지역에 2차 세계 대전 이후 이주했던 필리핀 이주민들이 다수 거주해 온 지역 사이에 있는 4ac(4,896평) 정도 되는 부지를 상업, 오피스, 오픈 스페이스, 저소득층 주거가 결합한 혼합형 복합 블록으로 개발한 사례

- 혁신, 창의성, 지역사회 참여를 촉진하는 역동적인 복합 용도 지구를 목표로 하며 저렴한 주택을 포함한 주거 공간, 사무 공간, 예술 및 문화 시설, 교육 기회 및 공공 개방 공간과 혼합하는 도시 재생 프로젝트임

- 역사적인 샌프란시스코 크로니클(San Francisco Chronicle, 신문사), 카멜라인 (Camelline, 화장품 제조), 뎀프스터 빌딩(Dempster building, 인쇄소)의 복원도 5M 프로젝트의 일부

• 5M 프로젝트 구역

출처: www.archdaily.com

■ 주요 제원

구분	내용
위치	San Francisco, California
시행 면적	4ac(4,896평)
건축가	SITELAB, KPF, Melk, Cliff Low Associates EMD
시행사	Brookfield Properties
추진 일정	2019~2022년
용도	오피스 건물, 아파트 단지, 공원, 상업 시설
특징	- 활용도가 낮은 도시 블럭을 주변 커뮤니티 활성화를 기초로 한 공공 및 민간 복합 단지로 개발 - 프로젝트의 디자인은 새로운 공공 공간을 중심으로 이웃의 역사, 예술, 사업을 엮은 골목길의 네트워크에서 영감을 받음

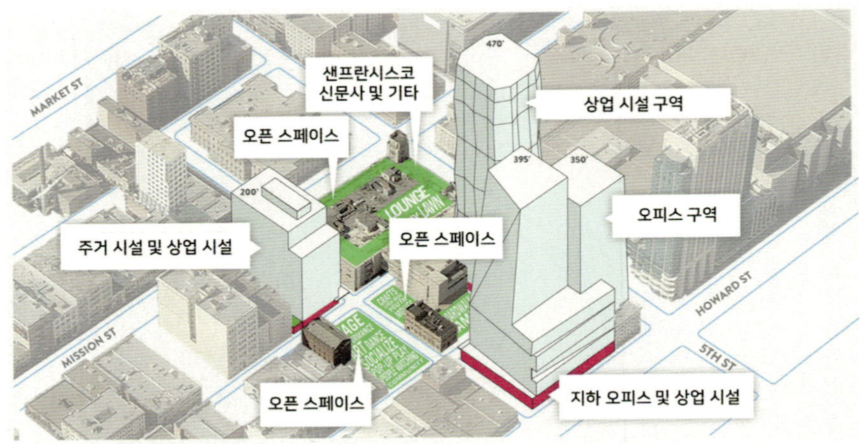

• 5M 프로젝트의 개발 계획 레이 아웃

출처: www.sitelaburbanstudio.com/project-page-5m

2. 개발 내용

- ■ 브룩필드 프로퍼티스(Brookfield Properties)가 허츠(Hearst)사와 제휴하여 활용도가 낮은 4ac의 주차장, 골목길 및 기존 창고 건물을 공공 개방 공간, 주택, 사무실, 소매상가로 재생한 복합 개발 단지
  - 주거: 688가구(221가구는 저소득층 주거)
  - 오피스: 연면적 64만㎡
  - 오픈 스페이스: 대상지의 35% 확보
  - 지하: 대상지의 16%, 오피스와 상업 시설 신설
- ■ 12년 동안이나 여러 법적 절차와 시민 의견 수렴 과정을 거쳐 2019년 개발 허가를 받음

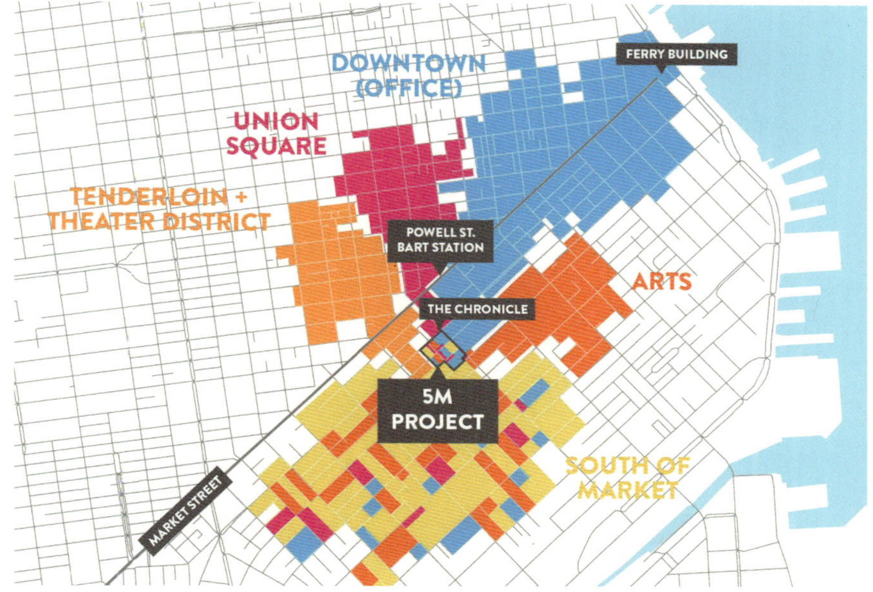

출처: www.sitelaburbanstudio.com/project-page-5m

1) 공원(2만 6,100m²)

■ 공공 개방 공간으로 조경된 마당, 공연 공간, 어린이 놀이터, 애견 운동장, 차양 및 방풍 장치 역할을 하는 30ft 높이의 강철 캐노피 2개가 포함되는 정원임

출처: www.melk.global/theparksat5m

2) 415 네이토마(NATOMA, 사무실, 25층, 64만m²)

출처: www.skyscrapercenter.com

3) 더 조지(The George, 아파트, 20층, 302세대)

출처: www.thegeorgesf.com

12. 미라 SF 주상복합 프로젝트
미래 지향적인 디자인의 주상복합 건물

1. 프로젝트 개요

- 미라(Mira) SF 주상복합 프로젝트. 샌프란시스코의 소마(SOMA, South of Market) 지역에 있는 IT 테크 기업과 스타트업 고소득층을 대상으로 한 새로운 주거 개발 프로젝트로 샌프란시스코의 도시 발전과 주거 공간의 현대화를 위해 계획되어 2020년 완공됨

- 총 39층, 129m 규모의 나선형 외관이 매우 특징적이며 모든 주거에서 180도 샌프란시스코 시내를 볼 수 있게 설계되었으며 수영장, 영화관 등 편의 시설을 제공하는 고급 주상복합 콘도임

• 미라 SF 외관

2. 개발 내용

■ 주요 제원

구분	내용
위치	280 Spear Street San Francisco, California
시행 면적	39층, 건축 129m(422ft), 지붕 398ft(121m)
건축가	Jeanne Gang
시행사	Studio Gang Architects
추진 일정	2017~2020년
용도	주상복합 아파트
특징	- 나선형 디자인으로 인해 각 유닛은 레이아웃과 돌출형 창문이 약간씩 상이함 - 스튜디오 강(Studio Gang)이 설계하고 티시먼 스파이어(Tishman Speyer)가 개발 (2020년 완공) - 이 구획은 현재 철거된 엠바카데로 프리웨이의 이전 통행권에 위치하며 원래 300ft(91m)로 계획되었으나 개발자가 저렴한 주택 비율을 33%에서 40%로 늘리고 400ft(120m)로 상향 조정함

• 미라 SF 주상복합 프로젝트 위치 및 주변 시설 지도

출처: mirasf.com/neighborhood

• 미라 SF 주상복합 건물 내부

• 미라 SF 주상복합 건물 내부에서 바라본 풍경

13. 피프틴 피프티 주상복합 프로젝트

샌프란시스코 고급 주택 · 사무실

1. 프로젝트 개요

- Fiftenn Fifty 주상복합 프로젝트. 미션 스트리트와 사우스 밴 네스 애비뉴가 만나는 지역에 39층 높이의 주택 및 사무실 복합 개발 프로젝트로 2020년 완공됨

- 440세대와 별도로 사무실 공간, 건강과 웰빙 관련 체육 및 엔터테인먼트 시설로 구성되어 있음

• 피프틴 피프티 주상복합 건물 외관

■ 주요 제원

구분	내용
위치	1550 Mission St, San Francisco, CA 94103
시행 면적	76만ft^2, 39층 - 주거 구역 약 4만ft^2 - 상업 구역 약 1만 2,000ft^2
건축가	Skidmore, Owings & Merrill
시행사	Related, SOM, southland
완공	2020년
용도	고급 주택, 사무실 및 복합 용도
특징	- 고급 디자인, 엔터테인먼트, 건강 및 웰빙에 중점을 둔 4만ft^2 규모의 시설에 걸쳐 있어 양질의 라이프 스타일을 제공 - 국제적으로 유명한 건축 회사인 스키드모어(Skidmore), 오윙스 앤드 메릴(Owings & Merrill)이 디자인한 피프틴 피프티스 글리밍(Fifteen Fifty's gleaming)과 AD100 디자인 회사인 마멀 라지너(Marmol Radziner) 의 인테리어가 스튜디오에서 침실 3개까지 다양한 규모의 레지던스

• 피프틴 피프티 위치 및 주변 주요 시설

• 피프틴 피프티 주상복합 건물 외관

• 피프틴 피프티 주상복합 건물 입구

14. 피어 24 포토그래피
기존 부두 창고를 세계 최대 사진 전용 전시 공간으로 재생

1. 프로젝트 개요

- Pier 24 Photography. 샌프란시스코-오클랜드 베이 브리지 바로 아래 샌프란시스코 항구에 위치한 비영리 미술관으로 기존 부두 창고를 재생하여 사진을 수집, 보존 및 전시하는 필라라(Pilara) 재단에 의해 2010년 개관함
- 건물의 원래 용도와 의도를 존중하고 사진 컬렉션에 경의를 표하며 베이 에어리어의 멋진 풍경을 강조한 삼박자가 어우러지는 공간
- 건물의 디자인은 갤러리와 같은 미적 감각을 유지하면서 저장 공간과 전시 공간 사이의 경계에 걸침. 공간의 규모로 인해 재단의 컬렉션을 제한없이 전시할 수 있으며, 베이 브리지 바로 아래 엠바카데로 산책로의 위치는 만의 멋진 전경을 제공함
- 2010년 대중에게 공개된 이후 11회의 전시회를 개최했으며 최근 재단은 새로운 사진가를 심층적으로 수집하여 사진 매체가 단순히 아날로그 필름에서 디지털로의 전환을 넘어, 새로운 기술과 방법론을 통해 어떻게 진화하고 있는지 이야기하는 자료를 개발함

• 피어 24 포토그래피

출처: news.artnet.com

▣ 주요 제원

구분	내용
위치	Pier 24, The Embarcadero, San Francisco, California
시행 면적	28,000m²
건축가	Andrew Pilara and Mary Pilara
시행사	The Pilara Foundation
완공	2010년
용도	비영리 미술관
특징	- 샌프란시스코-오클랜드 베이 브리지 바로 아래 샌프란시스코 항구에 위치한 비영리 미술관 - 전시회, 출판물 및 공공 프로그램을 제작 - 평일 중 예약 시 무료 관람 가능

• 피어 24 내부 전시 모습

출처: pier24.org/exhibition/about-face/

5

샌프란시스코의 주요 명소

1. 유니언 스퀘어
샌프란시스코의 공공 광장

- Union Square. 기존에 모래 사장이던 지역을 1850년 광장으로 조성한 곳으로 미국 남북 전쟁 당시 연합군(Union Army)이 사용했기 때문에 유니언 스퀘어라고 이름 붙임
- 1970~1980년대 노숙자들이 사용하며 방치되었으나 1998년 초 도시계획자들이 광장을 개조하고 야외 카페와 지하 차고 등 새로운 공간들을 조성함
- 다양한 행사와 콘서트 등을 개최하고, 주변의 그랜드 하얏트 호텔, 드레이크 호텔 등에서 광장을 조망할 수 있어 여전히 많은 사람들이 방문하는 명소임
- 광장 중심에 위치한 필리핀 점거를 위해 스페인 함대에 승리한 듀이 제독의 기념비(Dewey Monument)는 고대 그리스 승리의 여신 니케의 동상으로, 미 해군 선원들에게 경의를 표하기 위해 세워짐

• 유니언 스퀘어

■ 주요 특징

구분	내용
공공 미술	- 유니언 스퀘어 중앙에는 1898년 마닐라만 전투에서 승리를 거둔 전쟁 영웅 조지 듀이 제독에게 헌정된 듀이 기념비가 위치함 - 2009년부터 샌프란시스코 공공 미술 설치물 하트(Hearts in San Francisco)의 하트 조각품이 광장 네 모퉁이에 각각 설치됨 - 매년 크리스마스 시즌에 개장되는 아이스링크와 크고 화려한 트리가 특징임
경제	- 티파니 빌딩은 유니언 스퀘어에 있는 11층짜리 건물로 아래층 2개 층에는 티파니앤코(Tiffany & Co.) 매장이 있고, 위층에는 사무실이 있음 - 역사적인 마그네타 할아버지 시계로 유명한 웨스틴 세인트 프랜시스(Westin St. Francis) 호텔이 위치하고 있음
쇼핑	- 유니언 스퀘어에서 반경 3블록 이내에는 니만 마커스(Neiman Marcus), 메이시스(Macy's), 삭스 피프스 애비뉴(Saks Fifth Avenue) 등 여러 백화점이 위치함 - 유니언 스퀘어 앞에 있는 고급 소매점 중에는 루이비통, 구찌, 불가리, 로로 피아나, 몽클레어, 티파니앤코 등이 있음
주변 관광지	- 마켓 스트리트의 할리디 플라자(Hallidie Plaza) 옆에 위치한 파웰 스트리트 끝에는 소마 지구와 연결되는 통로가 있음 - 유니언 스퀘어 북서쪽에는 웅장한 저택, 아파트 건물, 호텔이 들어선 노브 힐(Nob Hill)이 있음 - 유니언 스퀘어 북동쪽에는 그랜트 애비뉴(Grant Avenue)와 부시 스트리트(Bush Street)에 유명한 용 문이 있는 차이나 타운이 있음

2. 알라모 스퀘어
시내를 내려다볼 수 있는 주거 지역이자 공원

- Alamo Square. 파스텔톤의 빅토리아 풍의 건축물이 많은 지역으로 특히 대표적인 건축물인 페인티드 레이디스(Painted Ladies) 건물은 알라모 스퀘어 공원을 마주 보고 있는 7개의 아름다운 색상의 빅토리아풍 건물로 샌프란시스코 명소임
- 샌프란시스코 시내 대부분이 내려다보이는 알라모 스퀘어에는 놀이터와 테니스 코트가 있어 관광객과 더불어 지역 주민들까지 자주 찾는 명소이며 샌프란시스코 시청이 바로 보이는 전망이 유명함

• 알라모 스퀘어

◼ 웨스턴 애디션(Western Addition)의 다른 지역과 달리 도시 재생 프로젝트의 영향을 받지 않아 빅토리아 시대 건축물이 많이 남아 있어 사람들이 많이 찾는 샌프란시스코 주요 명소 중 하나임

◼ 주요 제원

구분	내용
위치	94117, San Francisco, California
총 면적	1.20km^2
인구수	5,617명
용도	주거지 및 공공 공원
특징	- 5, 21, 22, 24 등의 여러 무니 버스 노선이 운행됨 - '알라모(alamo)'는 스페인어로 외로운 미루나무라는 뜻임 - 광장 중앙에서 트란카메리카 피라미드(Trancamerica Pyramid)와 금문교, 베이 브리지 정상을 감상할 수 있음 - 1800년대에 미션 돌로레스와 프레시디오까지 이동 중 말이 물을 마시는 장소였다고 전해짐

• 알라모 스퀘어의 주거 구역

3. 팰리스 오브 파인 아트

마리나 지구의 예술 궁전

- Palace of Fine Arts. 1915년 파나마-태평양 박람회를 위해 만들어진 10개의 궁전 중 하나로 대부분의 건물이 박람회가 끝난 후 철거되었으나 팰리스 오브 파인 아트는 시민들의 요구로 보존됨
- 고대 로마의 쇠퇴해 가는 폐허를 연상시키기 위해 로마의 건축 형식으로 설계되었으며 현재는 샌프란시스코에서 가장 잘 알려진 랜드마크 중 하나가 됨
- 1965년 재건축 이후 2003년 궁전의 복원을 위해 샌프란시스코 시와 메일 파운데이션(Mayck Foundation)과 협력 계약을 체결했고 2010년 재개장함

• 팰리스 오브 파인 아트

■ 주요 제원

구분	내용
위치	3301 Lyon St., San Francisco, California
시행 면적	6,900m²
건축가	Bernard Maybeck
추진 일정	1915년 최초 설립, 1965, 2003년 재건축
용도	예술 전시 공간 및 주요 명소
특징	- 로마 형식의 건축물과 넓은 호수가 아름다워 촬영지로도 많이 사용됨 - 1970년 966석 규모의 팰리스 오브 파인 아츠 극장(Palace of Fine Arts Theater) 조성 - 1964년까지 테니스 코트, 군용 트럭 보관소 등으로 이용되었으나, 1965년 재건축의 일환으로 원래의 궁전은 완전히 철거되었고, 모든 장식과 조각을 새롭게 제작

■ 디자인 특징

- 작은 인공 석호 주위에 지어진 팰리스 오브 파인 아트는 물가에 위치한 중앙 원형 홀 주위에 넓은 0.34km 길이의 퍼걸러(pergola)로 구성되어 있음

  ※ 퍼걸러: 자연을 건축과 결합하는 역할을 하는 기둥

- 석호의 물 표면은 웅장한 건물을 반사하는 시원한 풍경을 제공하고 유럽의 고전적인 분위기가 반영되도록 의도된 디자인임
- 원형 홀 천장 장식에는 그리스 문화를 상징하고 '미를 위한 투쟁'을 나타내는 패널들이 위치함
- 궁전 원형 홀의 돔 밑면에는 원래 로버트 리드(Robert Reid)의 벽화가 포함되어 있던 8개의 큰 구조물이 위치함

4. 트윈 픽스
시내 전망의 두 개의 언덕

- Twin Peaks. 약 282m 높이의 두 개의 주요 언덕으로 샌프란시스코의 지리적 중심 근처에 위치함. 두 언덕은 각각 '유레카'와 '노에'라고 불리며 샌프란시스코 시내 전망을 잘 조망할 수 있으며 일출 및 일몰이 장관임
- 18세기 초 스페인 정복자와 정착민들이 당시 이 지역을 목장업에 활용했고 19세기에 미국의 지배를 받자 '트윈 픽스'라고 이름 붙임
- 2016년 샌프란시스코 교통국은 트윈 픽스를 보행자 친화적인 지역으로 만들기 위해 정상으로 향하는 8자 도로는 양방향 도로로 축소했으며 도로의 일부는 보행자와 자전거 전용도로로 지정함. 정상 지역 대부분은 보존 지역으로 많은 천연자원과 야생동물이 서식하며 노스 피크에서 약 20m 떨어진 크리스마스 트리 포인트에서 샌프란시스코만의 전망을 볼 수 있음

• 트윈 픽스

5. 샌프란시스코 현대 미술관
현대 미술계의 가장 대표적인 미술관

1. 개요

- San Francisco Museum of Modern Art(SFMOMA). 1935년에 설립되어 20세기 예술만을 집중적으로 수집 및 전시했던 미국 서부 최초의 박물관이자 미국에서 가장 큰 미술관 중 하나이며 현대 미술 분야에서 세계에서 가장 큰 박물관 중 하나임
- 약 1만 6,000m²에 이르는 전시 공간을 보유한 현대 미술관으로 국제적으로 인정된 약 3만 3,000점의 회화, 조각, 사진, 건축, 디자인, 미디어 아트 등의 현대 미술 컬렉션을 보유하고 있음
- 1995년 스위스 건축가 마리오 보타가 재설계 건축했으며 2016년 확장 개관했음

• 샌프란시스코 현대 미술관 외부

2. 약사

- 1935년 샌프란시스코 미술관(San Francisco Museum of Art)으로 설립 후 60년 간 시빅 센터에 있는 전쟁 기념관 참전 용사 빌딩 4층에 위치했으며 당시에 는 주로 샌프란시스코 지역 작가들의 작품을 전시함
- 1970년대 후반 독립적인 미술관으로서의 지위를 확립하기 시작했으며 현대 미술 작품뿐만 아니라 국제적인 작품들도 전시를 시작함
- 1995년 현재 위치로 이전하여 다양한 크기의 공간과 현대적인 시설을 갖춘 새로운 건물로 개관함
- 2009년 증가하는 컬렉션 규모와 관객을 수용하고 새로운 현대 미술 컬렉션 을 선보이기 위해 대대적인 확장 시작함
- 2016년 노르웨이 건축가 스노헤타(Snøhetta)의 설계로 확장되어 더 많은 컬 렉션을 전시하게 됨

3. 주요 작품

• 로이 리히텐슈타인(Roy Lichtenstein), 〈Figures with Sunset〉, 1978

• 디에로 리베라(Diego Rivera), 〈팬 아메리카 유니티(Pan American Unity)〉, 1940

• 루이즈 부르주아(Louise Bourgeois)의 전시회 중 〈더 네스트(The Nest)〉, 1994

• 샌프란시스코 현대 미술관 내부

6. 예르바 부에나 가든
샌프란시스코의 공공 공원

1. 개요

- Yerba Buena Gardens. 샌프란시스코의 도심 중심지에 위치한 공공 공원이며 자연과 문화의 휴식지로서 다양한 예술 공연, 축제 및 지역 커뮤니티 이벤트가 개최되는 공원임
- 전체 두 블록으로 구성되어 첫 번째 블록은 1993년 10월 11일에 개장했고 두 번째 블록은 1998년 윌리 브라운 시장이 마틴 루터 킹 주니어(Martin Luther King Jr.)에게 헌정하는 형식으로 개장함

• 예르바 부에나 가든

■ 넓은 초목과 꽃밭, 분수, 조형물 등이 있으며 무료 음악 공연과 예술 이벤트로 활기를 불어넣는 것은 물론 시내에서 휴식을 취하거나 문화적인 경험을 원하는 이들에게 인기 있는 명소임

■ 주요 제원

구분	내용
위치	South of Market, San Francisco, California
시행 면적	약 20,000m²(중앙정원 기준)
건축가	Adele Santos(어린이공원 설계)
추진 일정	1993년 최초 설립 1995, 1998, 2019년 확장
용도	공공 공원
특징	- 여러 미술가, 조각가가 참여한 작품이 전시되어 있음 - 근처에 메트레온(쇼핑 센터)을 비롯하여 유명 박물관, 카페, 기념관, 극장이 있어 여가생활을 보내기에 좋음 - 예르바 부에나는 과거 샌프란시스코가 멕시코 진영일 때의 도시 이름에서 유래했으며, 스페인어로 '좋은 허브'를 의미함 - 미션 스트리트와 폴섬 스트리트(Folsom St.) 사이의 두 블록으로 구성되어 있음 - 공원의 산책로를 따라 샌프란시스코 현대 미술관(SFMOMA)이 이어져 있음

2. 약사

- 1993년 샌프란시스코 재개발청에 의해 중앙정원인 에스플러네이드(Esplanade)와 예르바 부에나 센터 포 디 아츠(Yerva Buena Center for the Arts) 개장
- 1995년 샌프란시스코 현대 미술관인 SFMOMA 개장, 2016년 확장
- 1998년 아이스링크, 어린이집, 어린이창의력박물관으로 구성된 어린이 구역 개장
- 2019년 모스콘 컨벤션 센터 증축
- 산업 도시였던 샌프란시스코는 공원 시설과 연계하여 점차 관광 컨벤션 도시로 변화

• 예르바 부에나 가든 공원 지도

출처: yerbabuenagardens.com/map/

7. 카스트로 지구
미국 최초의 성소수자 동네, 동성애자들의 메카

1. 개요

- The Castro. 사실상 미국 최초의 성소수자 동네이자 전 세계적으로 LGBT 인권 운동의 중심지
- 19세기 미국의 통치에 마지막까지 저항한 멕시코 지도자 호세 카스트로의 이름을 따서 명명했으며 다른 나라의 성소수자 동네는 성소수자 모임의 장소인 경향이 크지만, 카스트로는 성소수자들이 실제로 거주하는 장소라는 점이 특징
- 카스트로 지구의 성소수자들은 자신들의 정체성을 자랑스럽게 표현하며 포용적이고 다양한 문화적 표현이 공존하는 도시 커뮤니티를 제공함

• 카스트로 지구

2. 주요 특징

- 카스트로는 다양한 문화와 퍼레이드로 유명하며 특히 6월에 열리는 샌프란시스코 프라이드(Pride) 축제는 전 세계에서 약 100만 명 이상의 관광객이 방문함

- LGBT 명예의 전당인 레인보우 오너 워크(Rainbow Honor Walk)가 2014년 8월에 설치되었으며 과거 LGBT 아이콘을 대표하는 20개의 첫 번째 보도 청동 명판이 설치됨

- 카스트로 스트리트에는 샌프란시스코 미식가 청년들이 찾는 최고의 레스토랑, 바, 나이트 클럽 등이 많음

- 거리와 건물들은 강렬한 색채와 예술적 표현으로 다양하며 특히 카스트로 극장(Castro Theatre)은 1922년 세워진 영화관으로 영화, 음악회 등 다양한 이벤트를 개최하고 있음

• 카스트로 보도 블럭에 설치된 LGBT의 아이콘 청동 명판

• 샌프란시스코 프라이드 축제
출처: www.vox.com

• 카스트로 지구

8. 헤이스 밸리
샌프란시스코에서 가장 예쁘고 쇼핑하기 좋은 명소

1. 개요

- Hayes Valley. 샌프란시스코 중심부에 위치한 헤이스 밸리 지역은 1990년대 고속도로가 해체되고 수년에 걸쳐 방치된 지역이었으나 최근 젊은이들이 가장 많이 찾는 쇼핑, 식당 및 문화예술 재생 성공 사례 지역임
- 헤이스 스트리트를 따라 있는 동네의 상업 거리는 부티크 독립 상점, 고급 패션 및 편집 숍 전문 상점 등으로 구성되어 있으며 다양한 카페, 아이스크림 가게 및 고급 레스토랑과 더불어 극장과 미술관 건립으로 엔터테인먼트와 레저를 위한 활기찬 거리가 됨

• 헤이스 밸리

출처: missywinssf.com/neighborhoods/hayes-valley

2. 주요 시설

1) 에더 어패럴(AETHER Apparel) 컨테이너 의류 매장

- 에더 어패럴은 야외 스포츠 의류와 기능적인 스타일로 유명한 브랜드이며 헤이스 밸리의 에더 어패럴은 샌프란시스코의 이 지역에서 판매되는 매장 중 하나로 독특한 디자인과 고품질의 소재로 유명
- 이 매장은 야외 활동을 즐기는 이들에게 기능적이면서도 스타일리시한 의류를 제공하고 있으며 현지 주민과 관광객들 사이에서 인기가 있음

• 헤이스 밸리의 에더 어패럴 컨테이너 의류 매장

2) SFJAZZ 센터

- ◼ SFJAZZ 센터는 2013년 1월에 개장한 헤이즈 밸리 지역의 모든 연령층을 위한 음악 공연장으로 재즈 공연과 교육을 위해 지어진 미국 최초의 독립 건물임
- ◼ 샌프란시스코 베이 지역에서 재즈 교육을 제공하고 촉진하는 비영리 단체인 SFJAZZ의 본거지로 사용되고 있음

• 헤이즈 밸리의 SFJAZZ 센터 외관

9. 골든 게이트 파크

대규모 도시 공원

1. 개요

- ▣ Golden Gate Park. 약 4.12km² 규모의 도시에서 가장 큰 공원이자 매년 2,400만 명이 방문하는 미국에서 세 번째로 방문객이 많은 공원으로 샌프란시스코에 서식하는 식물들을 활용하여 설계됨
- ▣ 2004년 국립 역사 랜드마크 및 캘리포니아 역사 자원으로 지정되었으며 공원 내에 위치한 주요 명소들은 드 영 박물관, 캘리포니아 과학 아카데미, 버니 메도 등이 있음
- ▣ 샌프란시스코의 문화적인 중심지 중 하나로 방문객들에게 자연과 문화를 동시에 경험할 수 있는 훌륭한 장소로 많은 관광객 및 샌프란시스코 주민들이 사랑하는 주요 명소임

• 골든 게이트 파크*

• 골든 게이트 파크 주요 명소 지도

출처: greatruns.com

2. 주요 명소

1) 드 영 미술관(DE YOUNG MUSEUM)

▣ 프로젝트 개요

- 골든 게이트 내부에 있는 미술관. 샌프란시스코에서 가장 큰 현대 미술관 중 하나로 17세기부터 21세기까지의 미국 회화, 조각, 장식 예술, 아프리카, 오

세아니아, 아메리카 대륙의 예술, 의상 및 직물 예술, 국제 현대 미술의 중요 컬렉션을 보유하고 있음

- 1894년 캘리포니아 미드윈터 국제박람회에서 시작되어 1895년 '메모리얼 미술관(Memorial Museum)'이라는 이름으로 설립되었고 후에 미술관 설립을 주도했던 마이클 H. 드 영(M.H de Young)을 기리기 위해 1925년 드영 미술관(M.H de Young Memorial Museum)으로 개칭

- 미술관에서는 특별 전시회, 교육 프로그램, 공연 등 다양한 이벤트를 주최하여 샌프란시스코 문화 생활에 큰 역할을 하고 있으며 연간 약 80만 명이 방문하고 있음

• 드영 미술관 외관

◼ 대표 작품

• 비올라 프레이(Viola Frey), 〈Man Observing Series II〉, 1984

• 브루스 코너(Bruce Connor), 〈Christ casting out the legion of Devils〉, 1987

• 프레드릭 에드윈 처치(Frederic Edwin Church), 〈열대 우기〉, 1866*

2) 캘리포니아 과학 아카데미(California Academy of Sciences)

- ▣ 샌프란시스코에 있는 연구 기관이자 자연사 박물관으로 4,600만 개가 넘는 표본을 소장하고 있는 세계 최대의 자연사 박물관 중 하나
- ▣ 이곳에는 다양한 해양 생물들을 볼 수 있는 수족관, 생태계와 생물 다양성을 소개하는 전시장, 우주와 천문학에 관한 전시물 등이 있으며 연구원들이 지구와 생명체에 대한 연구를 수행할 수 있는 공간을 제공함

• 캘리포니아 과학 아카데미 외부

• 캘리포니아 과학 아카데미 수족관

3) 버니 메도(Bunny Meadow)

• 버니 메도

■ 공원 내의 작은 잔디밭으로 이름처럼 주로 토끼들이 나타나는 곳으로 알려져 있으며 주로 피크닉을 즐기는 사람들이나 가족 단위로 모여서 노는 공간으로 활용됨

■ 친숙하고 평화로운 분위기를 느낄 수 있으며 자연 속에서 즐거운 시간을 보낼 수 있음

4) 머피 풍차(Murphy Windmill)

■ 1908년에 완공된 골든 게이트 공원의 풍차로 2000년에 샌프란시스코 지정 랜드마크 목록에 등재됨

• 머피 풍차*

5) 일본 차 정원(Japanese Tea Garden)

■ 미국에서 가장 오래된 일본식 정원으로 일본 문화와 전통을 경험할 수 있으며, 연못, 정원, 일본식 건축물 등과 함께 차를 마시며 휴식을 취할 수 있고 아름다운 풍경을 감상할 수 있음

■ 일본식 차 문화를 체험할 수 있는 다양한 이벤트와 일본 전통 음악 공연 등
이 열리기도 하여 관광객뿐만 아니라 샌프란시스코 주민들에게도 인기 있
는 명소임

• 골든 게이트 파크의 일본식 차 정원*

10. 헤이트-애시베리

젊은이들의 거리, 히피 문화의 성지

1. 개요

- Haight-Ashbury. 1960년대 히피 운동의 중심지로 다양한 문화적 배경과 활기찬 거리 풍경 그리고 역동적인 예술 활동으로 유명함
- 과거부터 다양한 예술가들과 음악가들이 모여 활동했으며 현재도 많은 예술 갤러리, 음반 상점, 독립 서점 등이 있어 문화적인 다양성을 즐길 수 있음
- 과거와 현재가 공존하는 곳으로 히피 운동의 유산과 독특한 문화적 특성을 간직하고 있고 역사적으로도 중요한 것은 물론 샌프란시스코를 방문하는 이들에게 매력적인 명소 중 하나라고 할 수 있음

• 헤이트-애시베리

2. 주요 특징

- 1906년 캘리포니아 지진에 의한 건물 피해가 거의 없었을 정도로 건축물이 튼튼함
- 히피 운동이 한창이던 1967년의 여름을 '사랑의 여름'이라 부르며, 곳곳에 자리한 빈티지하고 히피스러운 구제 의류 숍과 벽화들이 그 시절의 분위기를 느끼게 해 줌
- 지미 헨드릭스, 재니스 조플린 등 히피 문화 확산의 중추였던 인물들의 생가가 있음
- 매년 6월 두 번째 일요일에 헤이트-애시베리 스트리트 페어(Street Fair)가 개최되며, 이 기간에는 차량 통행이 금지됨

• 헤이트 애시베리의 길거리 풍경

11. 롬바드 스트리트
세계에서 가장 구불구불한 언덕길

- Lombard Street. 8개의 커브가 있는 구불구불하고 특유의 경사와 장관을 자랑하는 자동차 전용도로로 매년 많은 관광객들이 방문하여 도로의 아름다움을 감상함
- 세계에서 가장 구불구불한 거리로 유명하며 연간 약 200만 명에 달하는 관광객이 방문하는 샌프란시스코 주요 관광 명소 중 하나로 영화 〈이웃 만들기(Good Neighbor Sam)〉, 〈왓츠 업 덕?(What's up, Doc?)〉에 등장하는 명소임

• 롬바드 스트리트*

■ 주요 제원

구분	내용
위치	Lombard St., Sanfrancisco, California
총길이	125.7m
건축가	Clyde Healy
추진 일정	1922년 초기 설립
용도	자동차 전용도로
특징	- 파월-하이드 노선 케이블 역이 언덕 위에 있음 - 수국이 피는 봄~초가을의 풍경이 아름다움

• 수국이 핀 롬바드 스트리트의 풍경

출처: edition.cnn.com

12. 놉 힐

미국에서 가장 부유한 동네

- Nob Hill. 수많은 고급 호텔과 유서 깊은 맨션이 있는 상류층의 중심지로, 샌프란시스코에서 가장 안전하고 이웃에게 친절한 동네임
- 미국에서 가장 소득이 높은 지역이자 가장 비싼 부동산 시장을 형성하고 있으며 세븐 힐즈 중 하나이며 다른 언덕보다도 높아 사방으로 조망이 트여 있음
- 19세기 후반의 급속한 도시화 과정에서 나타난 저명하고 부유한 남성을 가리키는 용어, 'nabob'에서 유래
- 1906년 화재와 지진으로 몇몇 유서 깊은 맨션이 소실되었으나 그레이스 대성당, 헌팅턴 파크, 마크 홉킨스 호텔 등 여전히 건축학적 가치가 큰 건축물이 많음

• 놉힐에서 바라본 파웰 스트리트의 모습

• 놉힐에 위치한 페어몬트 호텔

13. 러시안 힐
예술가들의 동네

- Russian Hill. 샌프란시스코 중심부에서 북쪽으로 위치한 고급 주택가로 19세기 금광을 찾아 이 지역에 정착한 러시아인들에서 유래되었으며 가파른 언덕과 화려한 전망으로 유명함
- 19세기부터 많은 예술가들이 살아왔으며 그 영향으로 현재에도 샌프란시스코 아트 인스티튜트(SFAI)의 본거지가 위치해 있고 부자들이 사는 고층 아파트 바로 옆에 가난한 예술가가 모여 사는 작은 집들이 혼재해 있으며 다양한 식당, 갤러리 및 부티크 숍들이 있음
- 약 90m에 이르는 가파른 경사로 인해 벨라호와 그린 거리는 일부 계단으로 구성되어 있으며, 마콘드레이 레인과 같은 보행자 전용 차선도 있음
- 러시안 힐이라는 이름은 과거 이 지역 주변에 러시아 선원들의 무덤이 있었던 데에서 유래되었다고 전해짐

• 러시안 힐

14. 앨커트래즈섬
연방 교도소였던 작은 섬

- Alcatraz Island. 등대, 군사 지역의 요새 및 군사 교도소로 활동되었던 앨커트래즈섬은 1934년에 연방교도소로 개조되었으나 현재는 인권운동가들의 반대와 막대한 유지비로 인해 1963년에 교도소를 폐쇄하고 박물관으로 운영되고 있음
- 샌프란시스코와 불과 2km 거리에 있어 밤마다 아름다운 야경이 보이지만 빠른 조류와 낮은 수온 등의 이유로 사실상 탈옥이 불가능하여 미국 역사상 가장 악명 높은 감옥 중 하나가 됨
- 프랭크 모리스, 클라렌스 앵글린, 존 앵글린의 탈출 시도가 유명하며, 이를 바탕으로 영화 〈알카트라즈 탈출〉이 제작됨

• 앨커트래즈섬

■ 주요 제원

구분	내용
위치	San Francisco Bay, California
시행 면적	89,000m²
건축가	U.S.Army, Bureau of Prisons
추진 일정	- 1910년 설립 - 1934년 연방교도소로 개조 - 1963년 박물관으로 변경 - 1972년 국가 레크리에이션 센터로 선정
용도	공공 박물관
특징	- 샌프란시스코 33번 부두에서 유람선을 이용하여 투어할 수 있음 - 미국 서해안에서 가장 오래 운영된 등대가 위치함

• 앨커트래즈섬 전경

출처: www.energy.gov

15. 케이블카 박물관
세계 마지막 수동 케이블카 박물관

1. 개요

- Cable Car Museum. 샌프란시스코의 역사적인 랜드마크 중 하나로, 케이블카의 역사와 운영에 대한 정보를 전시하고 있는 박물관
- 샌프란시스코 케이블카 시스템의 중심지에 위치하고 있으며 케이블카의 작동 방식을 보여주는 실제 작동 모형과 다양한 전시물을 소장하고 있음
- 케이블카의 역사와 작동 방식에 대해 배울 수 있는 흥미로운 경험을 즐길 수 있어 사람들이 많이 찾는 샌프란시스코 주요 명소 중 하나

• 케이블카 박물관

2. 샌프란시스코 케이블카

■ 프로젝트 개요

- 언덕길이 43개나 되는 샌프란시스코의 명물인 케이블카는 도시의 분주한 거리와 가파른 언덕길을 이동하기에 가장 좋은 운송 수단임

- 1873년에서 1890년 사이에 설립된 23개의 케이블카 노선 중 단 3개만 남아 있음

• 샌프란시스코 케이블카

출처: www.cablecarmuseum.org/ride.html

■ 주요 노선(3개 노선)

- 샌프란시스코 케이블카 시스템은 세 개의 노선으로 구성되어 있으며, 각 노선은 도시의 기능적인 교통과 멋진 경치를 모두 제공하여 관광객의 필수 탑승 노선임

- 두 노선은 파웰 스트리트와 마켓 스트리트에서 출발하여 피셔맨스 워프 지역까지 이어지며 다른 하나는 샌프란시스코 시내 구간인 캘리포니아 스트리트와 마켓 스트리트에서 시작하여 밴 네스 애비뉴(Van Ness Avenue)까지임

① 파웰 하이드 라인(Powell-Hyde Line): 파웰 스트리트와 마켓 스트리트에서 시작하여 가파른 오르막과 내리막을 경유하며 놉 힐과 러시안 힐을 지나 기라델리 광장과 피셔맨스 워프 근처의 아쿠아틱 파크 근처가 종점 구간으로, 앨커트래즈섬, 금문교 등 멋진 전망을 제공함

② 파웰 메이슨 라인(Powell-Mason Line): 파웰 스트리트와 마켓 스트리트에서 시작하여 약간 덜 가파른 경로를 통과하며 놉힐의 주거 지역을 통과하고 피셔맨스 워프 근처의 노스 비치 지역이 종점임

③ 캘리포니아 스트리트 라인(California Street Line): 금융 지구에서 운행되며 전체적으로 캘리포니아 스트리트를 따라 운행됨. 차이나 타운을 가로지르며, 중심 업무 지구에서 놉 힐과 밴 네스 애비뉴의 주거 지역까지 연결함

• 샌프란시스코 케이블카 노선도

16. 시빅 센터
샌프란시스코의 행정 복합 지구

1. 개요

- Civic Center. 샌프란시스코 중심에 위치하여 정부 관공서가 모여 있는 곳으로 시민들에게 문화, 행정, 정치적인 활동을 즐길 수 있는 다양한 시설과 활동을 제공하는 공공 공간임
- 시청, 전쟁 기념관, 공공 도서관 등이 위치하고 있으며 문화적인 행사와 이벤트가 자주 열리는 것은 물론 주변의 문화 시설과 함께 도시의 정치와 문화적인 중심지로 활발한 활동이 이어지고 있음

• 시빅 센터 지도   출처: 구글맵

2. 주요 장소

1) 샌프란시스코 시청

• 샌프란시스코 시청 외관

- 1904년 샌프란시스코 대지진으로 옛 시청사가 파괴되고, 1915년 세계 박람회 시작에 맞춰 도시의 부활을 보여 주기 위해 새 청사를 건축하여 샌프란시스코의 복원력을 상징함
- 총면적은 4만 6,000㎡로 로마의 베드로 성당을 본 딴 94m 높이의 돔 지붕은 세계에서 다섯 번째로 높으며 시청 내 웅장한 황금색 돔이 인상적임
- 시민들의 결혼식장으로 자주 이용되며 미국의 전설적인 야구 선수 조 디마지오와 마릴린 먼로의 결혼식이 있었고 2004년 동성결혼이 처음 합법화된 장소이기도 함

■ 주요 제원

구분	내용
위치	1 Dr. Carlton B. Goodlett Place San Francisco, California
시행 면적	1.27km²
건축가	미국인 건축가 아서 브라운 주니어
추진 일정	1913~1915년
용도	샌프란시스코 시청
특징	- 1989년 진도 7.1의 로마 프리타(Loma Prieta) 지진으로 손상이 발생하여 1999년 지진 안전 강화 장치 추가 - 샌프란시스코 랜드마크로 지정되어 부동산 부서에서 관리

2) 전쟁 기념관(War Memorial Opera House)

• 샌프란시스코 전쟁 기념관의 외관

- 1932년 개장 이후 샌프란시스코 오페라의 본거지로, 전쟁 기념 및 공연 예
  술 센터의 일부임
- 제1차 세계대전에 참전했던 모든 사람들을 기념하기 위해 설립된 건물

3) 시빅 센터 플라자(Civic Center Plaza)

• 시빅 센터 플라자의 모습(시청 앞 광장)

- 샌프란시스코 시청 동쪽에 위치한 1.83ha 규모의 광장
- 샌프란시스코 시민 강당(Bill Graham Civic Auditorium)과 연결된 지하 공간인 브룩스 홀(Brooks Hall)이 있어 이 곳을 전시 공간으로 활용

4) 공공 도서관

• 시빅센터 공공 도서관 외관

- 도서관은 다양한 책뿐만 아니라 영화, 음악 CD, 오디오 북, 디지털 자료 등을 제공하고 있으며, 시민들에게 무료로 대출 서비스를 제공함
- 샌프란시스코 시민들에게 문화적이고 교육적인 자원을 제공하는 중요한 공공 시설 중 하나

5) 캘리포니아 대법원

• 캘리포니아 대법원의 외관*

- 컬리포니아주 법원의 최고 사법 기관이자 최종 항소 법원
- 캘리포니아주 내의 하위 사법 기관 및 법원들의 판결을 검토하고 심사하며
  캘리포니아주의 헌법적 및 법률적 문제에 대한 최종 결정 권한을 갖고 있음

6) 아시아 미술관

• 시빅 센터의 아시아 미술관 외관*

- 다양한 문화와 예술 현장을 탐구하고 아시아권의 예술과 문화를 즐기고자 하는 이용자들을 위해 다양한 전시물과 프로그램을 제공
- 중국, 일본, 한국, 인도, 동남아시아 등 다양한 지역의 미술 작품을 소장하고 있으며, 그것들을 통해 관람객들에게 아시아의 다채로운 문화와 역사를 소개하고 있음
- 1995년 재미동포 사업가인 이종문 씨가 박물관 이전 사업 비용으로 1,500만 달러를 기부하여 2003년 현재의 미술관으로 성공적으로 이전함

7) 50 UN 플라자

• 시빅 센터의 UN 플라자 연방 청사*

- 미국 연방 정부 기관들이 위치한 건물
- 유엔 국제 연합의 관련 기구들 중 하나인 유엔환경계획(UNEP)의 본부도 운영하고 있으며 연방 정부 부서들의 중요한 업무와 활동을 지원하고 있음

17. 베이 브리지

샌프란시스코와 오클랜드를 잇는 다리

▣ Bay Bridge. 미국에서 다리 사이 거리가 가장 긴 다리 중 하나로 총 7,180m 이며 다리 중간에 위치한 예르바 부에나섬을 기준으로 동서가 구분되며 이 다리는 샌프란시스코와 오클랜드를 잇는 주요 교량임, 서쪽 구간은 예르바 부에나섬에서 샌프란시스코까지, 동쪽 구간은 예르바 부에나섬에서 오클랜 드까지 이어짐

• 베이 브리지

■ 서스펜션 브리지 방식으로 1933년 완공된 베이 브리지는 샌프란시스코의 대표적인 랜드마크 중 하나로 세계적으로 유명한 관광 명소 중 하나이며 특히 밤에 빛나는 조명으로 아름다운 야경을 연출하여 많은 관광객들의 인기를 끌고 있음

■ 주요 제원

구분	내용
위치	Oakland Bay Bridge, San Francisco, California
총길이	서쪽: 3,141m 동쪽: 3,102m
건축가	Charles H. Purcell
추진 일정	1933년 설립
용도	교량
특징	- 다리 길이가 너무 길어 도보로 횡단이 불가능하여 서쪽 교량에 인도가 없음 - 야간에 더 베이 라이츠(The Bay Lights)가 켜지며 금문교보다 밝음

• 야간 조명이 켜진 베이 브리지

18. 컬럼버스 타워
샌프란시스코의 복합 건물

- Columbus Tower. 1907년 완공된 샌프란시스코의 복합 용도 건물로 대부분 영화 스튜디오 아메리칸 조트로프(American Zoetrope)가 사용하고 있음
- 독특한 구리-녹색 플랫아이언 스타일의 구조로 컬럼버스 애비뉴, 커니 스트리트, 잭슨 스트리트에 둘러싸여 있음
- 빌딩의 역사적, 외관적 특징에 의해 센티넬 빌딩, 플랫아이언 빌딩이라고 불리기도 하며 1970년 샌프란시스코 랜드마크로 지정되기도 함

• 컬럼버스 타워*

19. 코이트 타워
샌프란시스코 전체를 볼 수 있는 전망대

- Coit Tower. 샌프란시스코의 텔레그래프 힐(Telegraph Hill) 피오니어 공원에 있는 64m의 전망대로 도시의 아름다운 전망을 감상할 수 있음
- 1929년 샌프란시스코를 사랑했던 자선사업가이자 부호인 릴리 히치콕 코이트 여사가 유산의 3분의 1을 기부하면서 그녀의 이름에서 유래함. 1906년 샌프란시스코 대지진으로 희생된 소방관들을 기린다는 뜻으로 세운 탑
- 25인의 예술가가 당시 캘리포니아의 삶을 표현한 프레스코 벽화가 매우 유명하며 샌프란시스코의 역사와 문화적인 중요성을 상징하는 장소이고 관광객과 시민들에게 매우 인기가 많은 주요 명소 중 하나

• 코이트 타워

■ 주요 제원

구분	내용
위치	1 Telegraph Hill Blvd., San Francisco, California
시행 면적	0.69m²
건축가	Arthur Brown Jr., Henry Howard
추진 일정	1933년 초기 설립
용도	전망대
특징	- 2008년 국가의 공식 보존 가치가 있는 문화 자원 목록에 포함되는 국립 사적지로 지정되었음

• 코이트 타워의 프레스코 벽화

출처: www.foundsf.org

20. 그레이스 대성당
샌프란시스코의 아름다운 성당

■ Grace Cathedral. 노브 힐 꼭대기에 위치한 미국에서 세 번째로 큰 성공회 성당으로 1964년 완공되었으며 유럽 중세 고딕 양식의 건축 스타일로 파리 노트르담 대성당에서 영감을 얻은 디자인이라고 함

■ 성당 곳곳에 있는 스테인드 글라스와 벽화는 안토니오 소토메이어(Antonio Sotomayor), 헨릭 드 로젠(Henryk De Rosen)의 작품으로, 성경의 내용뿐만 아니라 1,100명 이상의 역사적 인물들도 묘사했으며 그 면적이 $677m^2$에 달함

그레이스 대성당

• 그레이스 대성당의 내부 및 성 프란체스코 동상

• 그레이스 대성당의 벽화

21. 차이나 타운

미국의 대표적인 차이나 타운

1. 개요

- China Town. 샌프란시스코 차이나 타운은 북미에서 가장 오래된 차이나 타운이자 아시아 이외 지역에서 가장 큰 규모의 중국인 거주지 중 하나임
- 19세기 중국 이민자들이 입국해 모여 살면서 정착촌이 형성되었으며 이민을 반대하는 목소리를 이겨 내고 관광 도시로 발전함
- 드래곤 게이트, 중국 역사 박물관, 틴 하우 사원 등의 유명한 관광지가 위치하며 이외에도 중국 전통 모습이 잘 반영된 미로 같은 거리와 골목 곳곳에 딤섬 전문 식당, 포춘 쿠키 전문점, 약초상, 노래방 등이 있음

• 차이나 타운

■ 주요 제원

구분	내용
위치	Chinatown, San Francisco, California
시행 면적	15,154.2m²
추진 일정	1848년 초기 설립
용도	중국인 밀집 주거지
특징	- 올 어바웃 차이나 타운 도보 투어(체험 위주), 웍 위즈 도보 투어(음식 위주) 운영 - 음력 설날부터 1주일가량 신년 축제와 퍼레이드가 개최됨

2. 약사

- 1850년대에 캘리포니아 골드 러시와 최초의 대륙 횡단 철도 건설로 인해 중국인 개척자들이 샌프란시스코로 대거 이주함
- 1950년대 후반부터 홍콩 이민자들이 대거 이주하기 시작함
- 과도하게 증가한 이민자들로 인해 인구밀도가 급격하게 상승했고 이로 인해 리치먼드, 선셋 등 다른 차이나 타운이 설립됨
- 현재는 중국 이민자들의 역사와 문화를 보존시키는 중요한 곳으로 평가되고 있으며 중요한 관광 명소의 역할을 하고 있음

22. 그랜드뷰 공원
샌프란시스코 시내와 금문교, 베이 브리지 전망 공원

1. 개요

■ 터틀 힐(Turtle Hill)이라고 부르는 그랜드뷰 공원(Grandview Park)은 선셋 디스트릭트(Sunset District)에 있는 작은 공원으로 샌프란시스코 시내, 골든 게이트 공원, 태평양 등을 감상할 수 있는 공원으로 유명함

• 그랜드뷰 공원

■ 약 203m(666ft) 높이에 위치하기 때문에 샌프란시스코 주변의 경치를 감상할 수 있고 자연 속에서 조용한 시간을 보낼 수 있기 때문에 관광객들 및 샌프란시스코 시민들도 자주 방문하는 명소 중 하나임

2. 주요 프로젝트

1) 16번가 타일 계단(16th Avenue Tiled Steps)

• 16번가 타일 계단을 아래쪽에서 바라본 모습*

■ 이웃 주민 간의 모자이크 타일 조성 프로젝트

■ 2003년부터 2005년까지 진행된 골든 게이트 하이츠의 지역 사회 프로젝트의 일환으로, 이웃 간의 연결을 강화하기 위해 계단에 각 주제별로 모자이크를 만듦

■ 주민들이 직접 참여하여 모자이크 제작에 필요한 동물, 조개 등의 타일을 후원하고, 타일 스폰서에서 프로젝트를 위한 자금 제공

2) 히든 가든 계단(Hidden Garden Steps)

• 히든 가든 계단을 아래쪽에서 바라 본 모습   출처: www.sftourismtips.com

- ▣ 숨겨진 계단 모자이크 타일 조성 프로젝트
- ▣ 16번가 타일 계단 다음으로 만들어진 주민들의 공동체 의식을 위한 커뮤니티 프로젝트로 모자이크 타일 형식으로 148개의 계단으로 구성
- ▣ 2013년 완성될 때까지 주민들의 기부금 21만 6,000달러로 완성됨

23. 익스플로러토리움
과학, 기술 및 예술 박물관

- Exploratorium. 샌프란시스코의 과학, 기술, 예술 박물관으로 물리학자이자 교육자인 프랭크 오펜하이머가 1969년 설립함
- 참여형 전시를 주로 하여 과학 및 예술의 상호작용을 탐구할 수 있는 세계적으로 유명한 인터랙티브 과학 박물관으로 현재까지 1,000개 이상의 참여형 전시가 개최됨

• 익스플로러토리움

■ 과학과 예술의 경계를 넘어서는 곳으로 방문객들에게 과학적 호기심을 자극하고 창의적인 사고를 촉진하는 유익하고 재미있는 경험을 제공하는 것을 목표로 하고 있음

■ 주요 제원

구분	내용
위치	Pier 15 Embarcadero at, Green St, San Francisco, California
시행 면적	31,000m²
건축가	건축 회사 EHDD
시행 일정	1969년 설립 2013년 이전
용도	과학 및 기술 박물관
특징	- 2013년 익스플로러토리움은 페리 빌딩과 피어 39 사이에 위치한 피어 15와 17로 이전 - 익스플로러토리움 캠퍼스에는 1.5ac(0.61ha)의 공개 공간이 있음

• 익스플로러토리움

24. 모스코니 센터
샌프란시스코의 대규모 전시 및 회의 시설

■ Moscone Center. 대규모 전시 및 회의 시설로 다양한 규모의 이벤트 및 회의를 위해 설계되었으며 국제적인 컨벤션, 전시회, 회의, 박람회, 공연 등을 주최하고 있음

■ 세 개의 별도 건물로 구성되어 있으며 전시장, 회의실, 복합 공간 등을 갖추고 있어 다양한 종류의 이벤트를 수용할 수 있으며 북쪽의 건물은 예르바 부에나 가든 공원과 메트레온 엔터테인먼트 센터 아래로 확장되는 지하 전시장으로 연결됨

■ 1981년에 최초 건립되어 2018년까지 세 차례에 걸쳐 증축되었으며 샌프란시스코의 비즈니스 및 도시의 경제 발전과 관광 산업에 크게 기여하고 있음

• 모스코니 센터

25. 할리디 빌딩
유리 커튼 월을 외벽으로 사용한 최초 건물

- Hallidie Building. 샌프란시스코의 금융 지구 내 31층 규모의 상징적 오피스 건물로 1918년 유리 커튼 월을 외벽으로 사용한 최초의 실험적인 건물로 2013년 리노베이션함
- 건축가 윌리스 포크(Willis Polk)가 디자인하고 샌프란시스코 케이블카의 선구자인 앤드루 스미스 할리디(Andrew Smith Hallidie)의 이름을 따서 지어짐

• 할리디 빌딩

26. 트랜스아메리카 피라미드
샌프란시스코에서 두 번째로 높은 건물

■ Transamerica Pyramid. 건축가 윌리엄 페레이라(William Pereira)가 설계하고 건설사 해더웨이 딘위디 컨스트럭션 컴퍼니(Hathaway Dinwiddie Construction Company)가 건설한 48층 높이의 빌딩으로 1972년 완공 당시 샌프란시스코에서 제일 높고 세계에서 8번째로 높은 피라미드형 건물임

■ 샌프란시스코의 중심인 유니언 스퀘어에서 차이나 타운을 지나 파이낸셜 디스트릭트에 이르기까지 다양한 각도에서 보이는 샌프란시스코의 랜드마크적 건물

■ 1999년 네덜란드 보험회사인 아혼(Aegon)이 인수하여 상업 및 오피스 복합 용도로 사용하고 있음

• 트랜스아메리카 피라미드

27. 레프티 오돌 브리지
차이나 베이슨과 미션 베이를 연결하는 도개교

- Lefty O'Doul Bridge. 샌프란시스코 도시 교통 인프라의 중요한 부분으로서 수석 엔지니어 조셉 스트라우스가 설계하고 1933년 완공되어 차이나 베이슨과 미션 베이 지역을 연결하는 교량
- 다리의 이름은 샌프란시스코 시민들에게 많은 사랑을 받았던 유명한 야구 선수인 레프티 오돌을 기리기 위해 1980년에 변경되었음
- 과거에는 자동차뿐만 아니라 전차, 기차 등이 이용할 수 있는 교량이었으나 현재는 차량 및 도보로만 이용할 수 있으며 중앙에 있는 차선이 상황에 따라 통행 방향이 바뀌는 것이 특징임

• 레프티 오돌 브리지

28. 미케닉스 모뉴먼트
역동적인 모습의 기념비

- Mechanics Monument. 사업가 제임스 도나휴(James Mervyn Donahue)의 후원으로 설립되어 미국의 노동 운동과 산업 혁명에 기여한 근로자들을 기리기 위해 1901년 세워졌음
- 다섯 명의 사람이 펀치로 금속판에 구멍을 뚫으려는 모습을 묘사했으며 이는 그리스 로마 신화에 나오는 '인간의 다섯 시기'를 형상화한 것이고 산업 혁명 시대에 기계공들이 도시의 발전에 기여한 역할을 상징적으로 나타내고 있음

• 미케닉스 모뉴먼트

29. 큐피드 스팬
샌프란시스코의 낭만적인 정체성을 표현한 조각품

- Cupid's Span. 미국의 유명한 미술가 클래스 올덴버그(Claes Oldenburg)와 코셔 판 브뤼헌(Coosje van Bruggen)이 설계하여 2002년 완성되었으며 샌프란시스코 베이의 동쪽에 위치하여 도시의 아름다운 경관을 만드는 중요한 요소 중 하나임
- 18m의 이 조각상은 큰 화살과 활을 든 사랑의 신 큐피드(Cupid)를 형상화한 것으로 샌프란시스코의 로맨틱한 분위기와 도시의 역사적인 특성을 상징적으로 나타내고 있으며 샌프란시스코만의 관대하고 낭만적인 정체성을 떠올리게 함
- 샌프란시스코의 주요 관광 명소 중 하나로서 관광객들뿐만 아니라 현지 주민들에게 사랑과 로맨스의 상징으로 알려져 있어 많은 사람들이 즐기는 곳 중 하나임

• 큐피드 스팬

• 큐피드 스팬 야경

6

기타 자료

1. 실리콘 밸리 – 미국 혁신 문화의 중심

1) 개요

- ■ Silicon Valley. 미국 캘리포니아 주 샌프란시스코만 남부 지역으로 첨단기술과 혁신의 글로벌 중심지임
- ■ 정식적인 행정구역이 아닌 10개가 넘는 도시가 합쳐져서 형성된 지역으로 일반적으로 5개 카운티(County)인 산타클라라, 샌머테이오, 알라메다, 산타크루즈, 샌프란시스코를 포괄하는 지역 명칭임
- ■ 이 지역에 반도체 회사들이 많이 모이면서 반도체에 쓰이는 규소(Silicon)와 샌프란시스코만의 동남쪽으로 펼쳐진 산타클라라 계곡(Valley)의 조어로 1970년대부터 쓰임
- ■ 실리콘 밸리는 미국뿐만 아니라 전 세계적인 기술 혁신의 상징으로 1인당 특허 수, 엔지니어의 비율, 모험 자본 투자 등의 면에서 미국 내 최고 수준을 유지하고 있음
- ■ 실리콘 밸리의 기술 기업들인 구글, 애플, 마이크로소프트, 아마존, 넷플릭스의 시가총액은 미국 상장기업(MSCI)의 25%를 차지하고 있음
- 미국 전체 기업의 연구 개발과 자본 지출 증가의 상당수를 차지함
- ■ 실리콘 밸리 구역은 '생태계, 열대우림, 약육강식의 세계'로 평가받음
- 생태계: 대, 중소기업, 스타트업 등 다양한 규모의 기업과 벤처 생태계(자본), 우수한 인력(UC 버클리, 스탠퍼드 대학)이 조화를 이루고 공존하고 있으며, 경쟁력 있는 기업이 살아남는 시스템을 가지고 있음
- 열대우림: 사람들의 창의성, 비즈니스 감각, 투자 자본 등 여러 요소가 섞여서 번창하고 멸망하며 이를 이겨 낸 지속가능한 기업들이 계속해서 등장
- 약육강식의 세계: 구글, 애플, 페이스북, 트위터, 우버 등 10%도 안 되는 성공한 신생 기업이 세계를 장악했으나, 반면 야후, 마이스페이스 닷컴 등 90%의 실패한 기업들도 있었음

■ 2007년 애플의 아이폰 등장 이후 쇼핑, 금융, 건강, 교통 등 일상 활동을 스마트폰을 통해 해결하면서 디지털이 일상에 미치는 영향이 더욱 커짐
- 이 같은 현상은 구글, 아마존, 페이스북, 넷플릭스, 우버 등 실리콘 밸리 기업의 무한 성장으로 이어졌고, 이로 인해 디지털이 경제에 차지하는 비중이 크게 늘어남

구분	내용
면적	4,801km^2(제주도의 약 2.6배)
인구	310만 명(2020년 기준)
중심지	산호세(San Jose)
기후	지중해성 기후(여름: 기온이 높고 건조한 건기, 겨울: 다소 따뜻한 우기)
인종	백인(33%), 아시안(35%), 히스패닉(25%), 흑인(2%), 기타(5%)
일자리 수	155만 1,681개(2020년 기준)
GDP	3,510억 달러

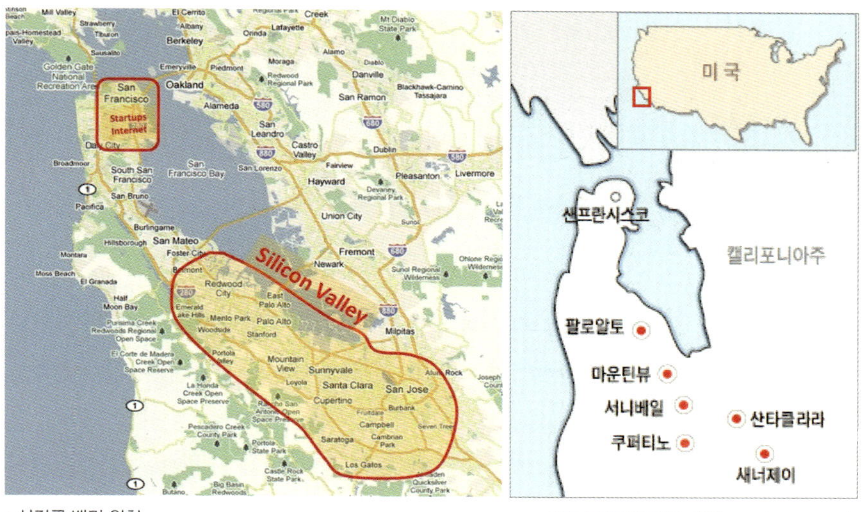

• 실리콘 밸리 위치

출처: 오른쪽/나무위키, 왼쪽/www.joongang.co.kr

2) 역사

- ◨ 실리콘 밸리는 과거 과수원과 채소밭이 많았던 지역이었으나 1차 세계대전 이후 미국의 방위 산업 투자 증가로 대규모 R & D 시설이 들어서는 1930년부터 전자 산업의 중심지로 부상함

- ◨ 1939년: 실리콘 밸리 소재 대학인 스탠퍼드 대학교(Stanford University) 출신 윌리엄 휴렛(William Hewle)과 데이비드 패커드(David Packar)가 팰로 앨토(Palo Alto)의 집 차고지에 전자기기 전문 스타트업 휴렛 패커드(Hewlett Packard: 지금의 HP사)를 설립하고 특정 주파수의 소리를 발생시키는 장치인 음향 발전기 생산을 비롯한 최첨단 하이테크 스타트업의 분위기를 형성함
  - 그들이 시작한 차고는 현재 실리콘 밸리의 발생지로 널리 알려짐

• HP사가 설립된 차고의 모습

- ◨ 1951년: 스탠퍼드 대학교에서 재정 확충을 위한 기술 산업 단지를 계획하고 스탠퍼드 대학교 남쪽 27만 명 규모의 '스탠퍼드 기술 산업 단지'를 조성함
  - 미국 최초의 산업 단지로서 실리콘 밸리의 기반이 됨
- ◨ 1960년대: 실리콘 밸리의 벤처 캐피털 산업이 번창하기 시작함
  - 록펠러 가문 후손이 설립한 벤록(Venrock)이 페어차일드 반도체(Fairchild Semiconductor)에 투자하면서 주목받기 시작했으며 동시에 다양한 벤처 캐피털 회사, 사모펀드(Private Equity Firm) 및 파트너십 기반의 벤처 캐피털이 설립되어 활동 영역을 확장함

- 이때부터 멘로 파크(Menlo Park)시에 위치한 샌드힐 로드(Sand Hill Road)에 유명 벤처 캐피털들이 밀집하기 시작함
■ 1970년대 초: 스탠퍼드 대학교의 빈튼 서프(Vinton Cerf)가 TCP/IP 프로토콜(Protocol)을 개발하여 컴퓨터 간의 인터넷 통신을 위한 기초를 마련함
- 컴퓨터 간의 인터넷 통신 현실화를 위한 기준점을 마련해 인터넷의 아버지로 불렸으며 DSL 등의 고속 인터넷이 가능해짐에 따라 네트워크 통신장비의 개발은 실리콘 밸리를 중심으로 전 세계에 확산됨
■ 1970년대 후반: 개인용 컴퓨터(PC, Personal Computer) 산업이 급속히 발전하기 시작함
- 빌 게이츠(Bill Gates)의 마이크로소프트(Microsoft)는 PC 운영체제인 DOS와 Windows를 개발했고 스티브 잡스(Steve Jobs)의 애플(Apple)은 iOS와 애플 컴퓨터, iPhone, iPad, MacBook 제품 출시를 통해 하드웨어 산업과 더불어 소프트웨어 산업 발전에 엄청난 파급 효과를 줌
■ 1980년대부터 1990년대: 통신 기술의 발전과 인터넷 사용의 급증으로 실리콘 밸리는 급속히 발전함
- 그러나 2000년대 닷컴 버블 붕괴 후, 실리콘 밸리는 중요한 재평가와 재구조를 거쳐 보다 다양한 기술 분야에 초점을 맞춘 독특한 생태계를 형성함
■ 현재: 실리콘 밸리는 구글(Google), 야후!(Yahoo!), 페이스북(Facebook), 트위터(Twitter), 오라클(Oracle), 어플라이드 머티리얼스(Applied Materials), 램 리서치(Lam Research) 등과 같은 첨단 산업 기업들이 밀집해 있음
- 전문 기업들의 활발한 사업 활동으로 인해 세계 각국에서 최고 수준의 인재들이 모여 컴퓨터, 통신, 반도체, 반도체 장비, 소프트웨어, SNS, 에너지 기술 및 ICT 융합산업 등의 분야에서 높은 부가가치를 창출하고 있음

3) 주요 기업

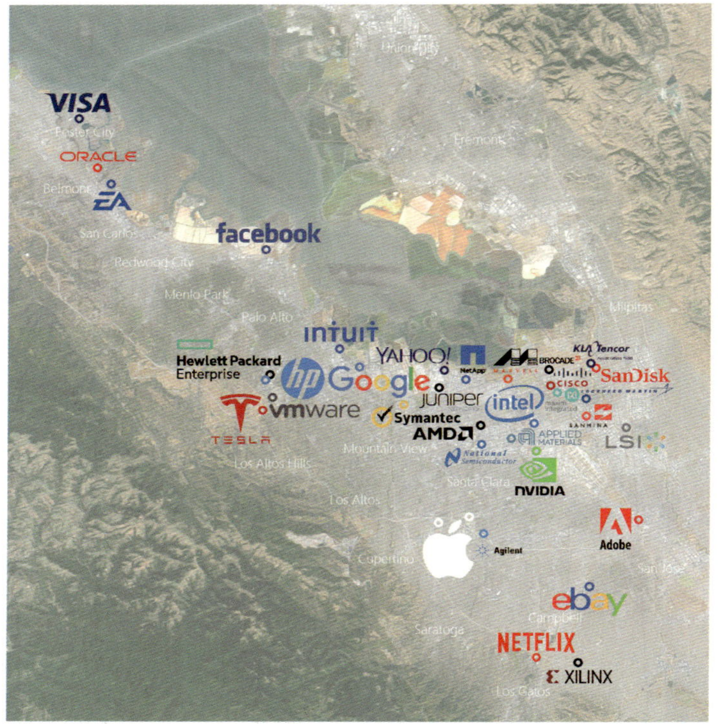

• 실리콘 밸리 주요 기업   출처: www.pinterest.com

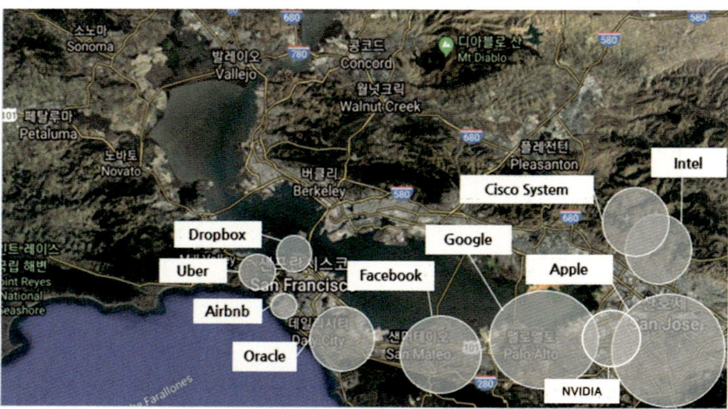

• 실리콘 밸리 주요 기업

(1) 애플(Apple)

- 1976년 스티브 잡스, 스티브 워즈니악, 론 웨인이 설립한 미국의 기업으로 본사는 애플 캠퍼스와 애플 파크에 두고 있으며, 미국 캘리포니아주 쿠퍼티노(Cupertino)에 소재하고 있음
- 1984년 매킨토시를 출시한 후 급격하게 발전했으며 1998년 아이맥을 출시하면서 다양한 제품군으로 사업 영역을 확장함. 이후에도 아이폰, 애플 TV, 에어팟 등의 제품을 생산하며 소비자들에게 인기를 얻음
- 현재 세계에서 가장 큰 기술 기업 중 하나로 지속가능한 경영을 추구하며 탄소 중립화의 재활용을 통한 환경 보호에도 노력하고 있음

• 애플 내부 이미지

(2) 인텔(Intel)

- 1968년에 설립된 세계적인 반도체 제조업체로 전 세계적으로 컴퓨터, 데이터 센터, 클라우드 컴퓨팅, 사물 인터넷 등에 사용되는 다양한 제품을 생산하고 있음
- 새로운 기술을 개발하고 독립적으로 제조하는 것이 특징이며 주요 제품으로는 마이크로 프로세서, 소프트웨어, 네트워크 및 통신장비, 모바일 장치 등이 있음
- 인텔의 제품은 주로 컴퓨터를 위한 중앙 장치로 사용되며 이를 통해 컴퓨터가 데이터를 저장하고 처리하는 데 필요한 모든 작업을 수행함

- 세계에서 가장 큰 반도체 제조 시설 중 하나를 보유하고 있으며 제품 라인 확장 및 성장을 위해 다양한 업종과 협력을 진행하고 있음

• 인텔 사옥 외관

(3) 구글(Google)

- 래리 페이지(Larry Page)와 세르게이 브린(Sergey Brin)이 1998년에 설립한 미국 기업으로 현재 전 세계적으로 약 90% 이상의 검색 시장 점유율을 차지하고 있음
- 설립 초기에는 대학 연구 프로젝트로 시작했으나 검색 엔진의 성공으로 점차 성장하기 시작했으며 이후 구글 검색을 중심으로 스마트폰 운영 체제인 안드로이드, 유튜브 사업, 클라우드 사업 등 다양한 분야로 사업을 확장해 나감
- 특히 구글은 검색 알고리즘의 개선과 사용자 경험의 향상을 통해 검색 시장에서 지배적인 위치를 유지하고 있으며 광고 사업을 통해 매년 막대한 광고 수익을 창출하고 있음
- 혁신적인 기업 문화로 유명한 회사로 구글 직원들은 일주일에 20%의 시간을 자신이 원하는 프로젝트에 할애할 수 있다는 규칙이 있음. 이를 통해 직원들은 자신의 아이디어를 자유롭게 실행할 수 있으며 이는 구글의 다양한 혁신적인 제품 및 서비스의 출시로 이어지게 됨

• 구글 사옥 외관

※ 구글 베이 뷰(Google Bay View)
  - 구글이 향후 100년을 내다보고 현재의 최고 기술을 총 동원해 지은 캠퍼스로 2015년 신사옥 계획을 처음 공개한 뒤 2017년 착공, 2023년에 완공됨
  - 캘리포니아 마운틴 뷰에 10억 달러(약 1조 3,100억 원)를 투입하여 총 10만 2,190m² 규모로 지었으며 2개의 사무동(베이 뷰, 베이 뷰 2)과 최대 1,000명을 수용할 수 있는 이벤트 센터, 직원 240명을 위한 숙소로 이루어짐
  - 덴마크의 BIG과 영국의 다빈치라 불리는 헤더윅 스튜디오가 설계한 건물로 1층은 모임과 소통을 위한 공간이며 2층은 업무 공간으로 구성되어 있음
  - 용 비늘 태양광 패널은 베이 뷰 캠퍼스 건물들의 가장 큰 특징이며 베이 뷰는 일반 건물 5, 6층 높이 어도 불구하고 단 두 개의 층으로 이루어져 있음
  - 2030년까지 매일 매시간 무탄소 에너지로 운영하고자 하는 목표를 향한 굳은 의지를 담아 낸 건물임

• 구글 베이 뷰 외관

(4) 페이스북(Facebook)

- 하버드대학교 재학생이던 마크 저커버그(Mark Zuckerberg)가 친구인 에두아르두 세버린(Eduardo Saverin)과 함께 2004년에 만든 소셜 네트워크 서비스를 제공하는 인터넷 웹사이트
- 초기에는 하버드대학교 학생들을 위한 커뮤니케이션 플랫폼으로 시작했지만 이후 전 세계적으로 서비스를 확장했으며 휴대폰 애플리케이션 및 인터넷 전화 서비스 등 다양한 기능을 추가하여 사용자에게 더욱 편리한 서비스를 제공함
- 2012년 인스타그램(Instagram)을 1억 달러로 인수했고, 2014년에는 190억 달러로 왓츠앱(WhatsApp)을 인수하여 메신저 서비스 시장에서 대거 출시함
- 현재 페이스북은 소셜 미디어를 넘어 가상현실(VR)과 같은 분야로 영역을 확장하면서 더욱 '포괄적인' 이름인 메타(Meta Platforms Inc.)로 기업명을 변경했으며 2022년 기업 가치는 시가총액 기준으로 4,220억 달러에 달함

• 페이스북 사옥 외관

• 페이스북 내부 이미지

(5) 엔비디아(NVIDIA)

- 1993년 설립한 미국의 반도체 회사로 콘솔 게임기와 PC, 노트북 등을 위한 그래픽 처리 장치(GPU)를 디자인하며 GPU를 활용하는 인공지능 컴퓨터의 반도체 전기회로 및 인공지능의 메인 칩을 제조함

- 엔비디아의 신사옥은 미국 캘리포니아주 산타클라라에 위차한 세계 최대 협업 돔 사옥으로 2017년 완공된 엔데버(Endeavor)는 3층 높이로 4만 6,000m²(약 1만4,000평) 넓이, 2022년 완공한 보이저(Voyager)는 4층으로 7만 m²(2만1,000평)에 달함

- 엔데버는 재무·커뮤니케이션·영업 등의 기능을 담당하며 보이저는 엔지니어들을 위한 공간으로 만들어졌으며 칩과 로봇 등 각 분야 엔지니어와 연구진들은 보이저에 입주하고 있음

- 미국 겐슬러사가 설계한 협업 중심 건물로 총 1만 명이 근무함. 엔비디아의 상징인 육각형 헥사곤(hexagon) 모양으로 이루어져 있으며 실제 245개 채광창을 컴퓨터에 의해 설계하여 옥내 거의 모든 자리에 빛이 들어옴

• 엔비디아 본사 전경

출처: 엔비디아

• 엔데버 외관 및 내부

출처: 연합뉴스

• 보이저 내부

출처: 엔비디아

4) 팰로 앨토(실리콘 밸리 중심 도시)

(1) 개요

- 실리콘 밸리 중심부에 위치한 팰로 앨토(Palo Alto)는 기술 산업의 허브 및 중심지 역할과 스탠퍼드 대학가가 위치한 실리콘 밸리의 핵심 도시로 HP, 테슬라, 페이스북, 구글 등 유명 IT 기업들이 창업한 지역임

- 실리콘 밸리의 벤처기업들을 지원하는 벤처 캐피탈 회사, 기술 융합을 위한 공유 오피스, 공유 카페 등이 많아 애플의 스티브 잡스, 메타의 마크 저커버그 등을 꿈꾸는 창업가들이 모여서 연구하고 토론하고 공유하는 도시임

- 인구 7만 명의 소도시이지만 실리콘 밸리의 역사적인 랜드마크 역할과 기술 및 경제 발전의 증추적인 위치로 세계적인 교육 기관과 기술 스타트업의 허브로 자리 잡았으며, 혁신과 편의 시설이 잘 갖추어져 있고 행복한 주거환경의 인프라가 잘 형성되어 있음

• 실리콘 밸리 팰로 앨토의 거리 풍경

(2) 주요 명소

① 쿠파 카페 라모나(Coupa Cafe-Ramona)

- 스타트업 정보 공유 커피숍. 대학 근처에 위치하여 학생들과 지역 주민들이 자주 이용하며 스타트업 창업자들이 모여 정보를 공유하거나 연구 및 토론을 진행할 수 있는 분위기가 조성되어 있어 기업가로 성공하고 싶은 학생, 창업자 등이 모이는 카페임

- 라틴 아메리카 문화를 기반으로 한 훌륭한 커피와 음식을 제공하여 편안하고 즐거운 시간을 보낼 수 있음

• 쿠파 카페 라모나의 외부 및 내부

② 하나하우스 팰로 앨토(HanaHaus Palo Alto) 블루보틀 커피

- 공동 작업 공간 및 블루보틀 커피 매장. 팰로 앨토의 블루보틀 커피 브랜드
  의 한 지점이자 인기 있는 혁신적인 공간 중 하나로 창의적인 아이디어와
  기술적인 혁신을 위한 공유 및 협업을 촉진하는 커뮤니티 중심의 작업 공간
  으로 스타트업 창업가부터 엔지니어들까지 다양한 분야의 사람들이 모여
  아이디어를 교환하고 협업하는 곳임
- 카페와 협업 공간이 결합된 형태로 창의적인 환경에서 업무를 할 수 있도록
  설계되었고 인터넷 및 편의 시설이 제공되고 주기적으로 다양한 이벤트와
  워크샵이 개최되어 참여자들에게 학습과 네트워킹의 기회를 제공함

• 하나하우스 팰로앨토 블루보틀 커피의 외관 및 내부 작업 공간

5) 실리콘 밸리의 성공 비결

① 전 세계에서 모여드는 유능한 엔지니어와 사업가들

- 스티브 잡스나 마크 저커버그 등 전설적인 인물들이 존재하는 실리콘 밸리는 누구라도 기꺼이 생태계의 '일원'이 되도록 하는 분위기가 조성됨

② 모험 자본 투자자들(Venture Capital)

③ UC 버클리, 스탠퍼드 등의 교육 연구 기관

④ 역동성: 인공지능, 블록체인, 가상·증강현실 등 시대가 지날 때마다 나오는 기술적 돌파구와 이를 활용하는 새로운 비즈니스 전망, 창업자들의 비전, 이를 믿는 벤처 캐피털 등이 합쳐진 결과임

※ 캘리포니아주의 주요 수출국 및 수출 품목
- 주요 수출국: 멕시코, 캐나다, 중국, 일본, 한국, 홍콩, 대만, 독일, 네덜란드, 인도 등
- 주요 수출 품목: 항공기, 기계, 아몬드, 자동차 등

※ 캘리포니아주의 주요 수입국 및 수입 품목
- 주요 수입국: 중국, 멕시코, 일본, 캐나다, 한국, 말레이시아, 대만, 베트남, 독일 등
- 주요 수입 품목: 원유, 스마트폰, 반도체, TV, 컴퓨터, 카메라 등

6) 실리콘 밸리의 사회와 문화

■ 실리콘 밸리는 창업 활동이 세계에서 가장 활발한 곳으로 새로운 혁신과 융합 기술을 개발하고 이를 개방적으로 응용하는 스타트업 활동이 매우 자유로운 지역임

- 자생적인 기술 창업이 실리콘 밸리의 독특한 시스템으로 다른 산업 단지들이 정부 주도의 인위적인 계획에 의한 것이라는 점과 구분됨
- 과거부터 실리콘 밸리 거주자들은 시기별로 당시 주도적인 기술 흐름을 대표하는 직종에 적합한 의상을 착용하는 등 편안하고 자유로운 삶을 영위함
- 실리콘 밸리는 실패를 부끄러움이 아닌 재기(再起)의 뿌리로 인식함
- 개발된 혁신 기술과 연관된 스타트업 활동이 자발적으로 일어날 수 있는 환경을 제공하며 자유로운 기업 문화와 상호 기술 교류와 같은 능동적 문화를 창출함
- 미국의 다른 지역보다 여러 인종이 균형적으로 혼재하며 기술 융합과 문화 교류로 보다 진보적이고 혁신적인 아이디어가 지속 발현됨

(1) 실리콘 밸리 주요 문제점

① 높은 집값과 생활비
- 실리콘 밸리로 유입 인구가 많고 낮은 대출 이율로 수요는 증가하는데 공급이 이를 뒷받침하고 있지 못함(미국의 다른 대도시와 달리 고밀도 개발에 의한 주탁 공급이 제대로 되지 않고 있음)
- 실리콘 밸리를 포함하는 베이 에어리어의 집값은 미국 내에서도 상당히 비싼 편에 속함
- 샌프란시스코의 원룸(스튜디오)의 월세는 평균 3,000달러 정도로 샌프란시스코뿐만 아니라 베이 에어리어 대부분이 비슷한 상황임
- 부동산 가격이 비싸면 물가도 자연스럽게 오르게 되면서 외식 비용은 통상 LA와 비교하면 1.5배 정도 비싸고, 타 주보다 유틸리티 26%, 식료품은 21% 정도 비쌈
② 줄어들지 않는 교통난
- 실리콘 밸리의 교통 정체는 미국 벤처 기업의 경쟁력을 깎아 먹는다고 표현할 정도로 심각한 상태임
- 실리콘 밸리의 척추 역할을 하는 미국의 101 고속국도는 상습 교통 체증에

많은 사람들이 불만을 가지고 있으며 대중교통 또한 유동 인구 대비 수준이 매우 열악함

③ 캘리포니아의 세금 폭탄

- 실리콘 밸리가 위치한 캘리포니아주는 타 주에 비해 높은 법인세와 강력한 기업 규제, 미국 최고 수준의 소득세율을 가지고 있음(소득세 기준 캘리포니아 13.3%, 하와이 11%, 뉴저지 10.75%, 오리건 9.9%)

■ 최근 실리콘 밸리의 종합적인 문제들로 인해 주요 IT 기업들이 다른 주로 이주하는 현상이 나타남

- 특히 낮은 세율을 가진 텍사스로 많이 이주함

- KOTRA 달라스 무역관에 따르면 2020년 11월 기준 테크 및 기타 산업 35개 회사가 텍사스 오스틴으로 이전했다고 밝힘. 2023년 7월에는 테슬라가 오스틴에 사이버트럭 생산 기지 건설을 확정했고, 11월에는 벤처캐피털(VC) 기업인 8VC가, 12월에는 세계 최대 소프트웨어 기업 중 하나인 오라클이 오스틴으로 이전했으며, 실리콘 밸리 시대를 이끈 휴렛팩커드엔터프라이즈(HPE)가 휴스턴으로 본사 이전을 발표함

2. 나파 밸리 – 세계 최고의 와인 산지

1) 개요

- Napa Vally. 캘리포니아 와인 컨트리의 나파 카운티에 위치한 미국 포도 재배 지역(AVA)을 이르는 말로, 나파는 과거 이 지역에 거주한 패트윈 인디언들의 언어로 '집'을 의미함
- 1981년 ATF(주류, 담배 및 총기국)가 설립했으며, 세계 최고의 와인 산지로 400개가 넘는 와이너리를 보유함
- 나파 밸리의 지중해성 기후와 지리적 특징은 와인용 포도 재배에 매우 적합함
 - 태평양에서 불어오는 난류 해풍으로 인해 높은 기온을 유지함
 - 해안을 따라 위치하는 나파산맥은 밤에 찬바람과 서리를 막고, 하웰산맥은 나파 카운티의 동쪽 경계에 위치하여 폭풍을 막아 낮은 습도를 유지힘
- 19세기 말과 20세기 초에 포도나무 병인 필록세라(phylloxera)의 발발, 금주법 제정, 대공황 등으로 와인 산업이 둔화되었으나, 1966년 나파 밸리의 아이콘인 로버트 몬다비의 와이너리를 필두로 여러 와이너리가 들어섬
- 1976년, 파리 와인 시음회(Paris Wine Tasting)를 기점으로 최고 품질의 와인을 생산할 수 있음을 증명하며 주요 와인 생산지로 부상함
- 매년 음식, 와인, 예술 및 음악 축제와 영화제를 개최하며, 유명 와이너리를 여행하는 와인 트레인을 운영하는 등 주요 관광 명소로도 자리매김함

• 나파 밸리 환영문구(오른쪽), 나파 밸리 위치(왼쪽)

출처: zrr.kr/BjmE

2) 나파 밸리 와인 역사

- 나파 밸리의 와인 산업은 19세기 중반 소노마 카운티의 조지 욘트(George Yount)가 최초의 와인 포도를 재배하면서 시작됨

- 그러나 이를 발전시킨 이는 찰스 크룩(Charles Krug)으로 1858년 양조업자 잔 패칫(John Patchett)의 포도로 나파에서 와인을 생산하기 시작하면서 급속도로 발전하기 시작함

- 1861년 크룩은 '찰스 크룩 와이너리(Charles Krug winery)'(최초의 상업용 와이너리)를 설립했으며 이후 와인 메이커인 애거스턴 해러스티(Agoston Haraszthy)의 지도하에 와인을 생산하기 시작함

- 이 결과 1870년에서 1880년 사이에 나파 밸리의 와인 생산량은 거의 1,000% 증가했으며 1890년까지 생산된 와인의 갤런 측면에서 캘리포니아 최고의 카운티가 됨

※ 파리의 심판

- 1976년 프랑스 파리 인터콘티넨털 호텔에서 열린 '포도주 블라인드 테스팅 대회'에서 처음으로 레드 와인(Red Wine)과 화이트 와인(White Wine) 모두 미국의 완승으로 끝난 사건
- 이전까지 미국을 비롯한 전 세계 많은 나라들이 와인의 종주국이라 부르는 프랑스를 이겨 보고자

연구 개발에 힘쓰고 있을 때 미국의 '나파 밸리' 와인이 우승을 차지함
- 영국 수입상 스티븐 스퍼리어(Steven Spurrier)가 캘리포니아를 방문했을 때 의외로 질 좋은 와인에 감탄하며 놀랐고 이에 미국 수입상 패트리샤 갈라거(Patricia Gallagher)와 프랑스와 미국 와인 제조자들에게 블라인드 테스트를 제안한 것에서 시작됨
- 심사위원들은 프랑스 와인 4병과 미국 와인 6병으로 이루어진 대회에서 프랑스의 승리를 예상했지만 화이트 와인 부문에서는 1973년 캘리포니아산 '샤토 몽텔레나(Chateau Montelena)'가, 레드 와인 부문에서는 캘리포니아산 '스텍스 립 와인 셀라스(Stag's Leap Wine Cellars)'가 1등을 차지함

• 1976년 5월 26일 파리에서 열린 와인 블라인드 테스트 '파리의 심판'   출처: www.japanoll.com

3) 나파 밸리 주요 와이너리

(1) 다리우시 와이너리(Darioush Winery)

■ 슈퍼마켓 체인 사업으로 크게 성공을 거둔 이란 출신의 다리우시 칼레디(Darioush Khaledi)가 은퇴 후 아내 샤파(Shahpar)와 함께 1997년 나파 밸리 남부 지역에 토지를 매입하면서 다리우시 와이너리가 만들어짐

■ 1990년대 후반 대부분의 와이너리들이 나파 밸리의 북부 지역에 집중할 때 다리우시는 서늘한 미세기후가 특징인 남부에서 보르도의 블렌드 스타일 와인 메이킹에 전념하고자 함

- ◼ 현재 다리우시는 나파 밸리의 마운틴 비더(Mt.Veeder) AVA와 오크 놀(Oak Knoll) AVA에 걸쳐 자리한 120ac의 빈야드에서 카베르네 소비뇽부터 멜롯, 카베르네 프랑, 쉬라즈, 샤르도네, 비오니에, 소비뇽 블랑에 이르는 다양한 품종을 재배하고 있음
- ◼ 이 지역에서 생산된 와인은 적당한 탄닌이 함유되어 복합미와 구조감이 훌륭하며 장기적인 숙성 잠재력을 지니고 있음
- ◼ 다리우시는 초창기부터 하이엔드 마케팅에 주력했는데 세계 최고의 와인 메이킹 컨설턴트로 알려진 미셸 롤랑(Michel Rolland)이 와이너리에 합류하면서 매해 나오는 빈티지마다 평론가들의 극찬을 받음(특히 Darius II 2016은 로버트 파커 평점 99점을 기록함)
- ◼ 실버라도 트레일(Silverado Trail)에 위치한 몇 안 되는 ‘데스터네이션 와이너리(Destination Winery)’로도 유명함

• 다리우시 와이너리 야외

• 다리우시 와이너리 야외

• 다리우시 와이너리 내부

(2) 도메인 카르네로스(Domaine Carneros)

- ◙ 1987년 프랑스의 테탕저(Taittinger)와 코브랑(Kobrand) 회사가 함께 세운 와이너리로 스파클링을 와인을 만들기 위해 필요한 샤르도네와 피노 누아 포도가 잘 자랄 수 있는 지역을 찾으러 다니다 상대적으로 서늘한 기후를 지닌 나파 밸리 남쪽에 위치한 카네로스 지역에 자리를 잡음
- ◙ 포도의 수확은 8월 중순부터 시작되며 포도는 곧바로 와이너리로 옮겨져 부드럽게 압착한 뒤 블렌딩하기 전까지 다른 탱크에서 보관됨
- ◙ 이곳의 스파클링 와인은 프랑스 상파뉴 지역에서 샴페인을 만드는 전통적인 방식으로 생산되며 병 속에서 2차 발효를 거치기 때문에 다른 스파클링 와인과는 차별화된 품질을 보여 줌
- ◙ 와이너리 투어를 통해 스파클링 와인 제조 공정을 볼 수 있으며 스파클링 와인을 시음할 수 있음
- ◙ 품질 좋은 피노 누아 와인을 생산하는 와이너리로도 유명함

• 도메인 카르네로스 야외

• 도메인 카르네로스 야외

(3) 더콘 비니어드(Duckhorn Vineyards)

■ 1976년 댄 더콘(Dan Duckhorn)과 마거릿 더콘(Margaret Duckhorn)이 공동 설립함

■ 훌륭한 와인은 훌륭한 품질의 포도에서 비롯된다는 단순한 진리에 기초하여 최상의 포도를 조달하고자 노력했으며 현재 나파 밸리 내 180ac에 달하는 양질의 포도밭을 소유하고 있음

■ 댄 더콘은 프랑스의 생테밀리옹과 포므롤 지역을 여행하면서 이 지역의 주 품종인 메를로 와인에 깊이 매료되어 메를로 품종의 와인에 특별한 관심과 역량을 기울임

■ 1978년 첫 와인으로 빈티지로 카베르네 소비뇽과 메를로가 생산되었으며 1982년에는 소비뇽 블랑이 새로이 라인업에 추가됨

■ 2009년 미국 제44대 대통령인 버락 오바마(Barack Hussein Obama)의 취임 만찬식에 2007 더콘 비니어드 소비뇽 블랑(Duckhorn Vineyards Sauvignon Blanc)과 2005 더콘 비니어드 골든 아이 피노 누아(Duckhorn Vineyards Goldeneye Pinot Noir)가 선정되기도 함

■ 현재 더콘은 가장 미국적 포도인 '진판델'을 주로 하는 와인을 생산하는 패러덕스(Paraduxx)와 피노 누아를 위한 골든아이(Goldeneye)라는 와이너리를 가지고 있음

• 더콘 비니어드 야외

• 더콘 비니어드 입구

(4) 파 니엔테 와이너리(Far Niente Winery)

- 나파 밸리의 오크빌(Oakville)에 위치한 와이너리로 1885년에 설립되었다가 1919년 금주령이 발효되자 폐쇄했고, 1979년에 현 소유주인 질 닉켈(Gil Nickel)이 인수하여 미국에서 가장 아름답고 기능적으로 뛰어난 지하 동굴을 가진 와이너리로 재건함
- 파 니엔테 와이너리는 카베르네 소비뇽으로 유명한 하이츠 와인 셀라(Heitz Wine Cellar)의 마르타스 비니어드(Martha's Vineyard)와 로버트 몬다비(Robert Mondavi)의 토칼론 비니어드(Tokalon Vineyard) 사이에 자리 잡고 있음
- 와이너리 재건 중 건물 전면 돌에 '돌체 파 니엔테(Dolce Far Niente)'라는 문구가 새겨져 있는 것을 발견했고 이를 와이너리의 이름으로 삼고자 함
- 파 니엔테 와이너리의 와인은 샤르도네로 대표되며 세미용으로 주조되는 돌체(Dolce) 또한 디저트 와인으로 높은 명성을 얻고 있음
- 또한 카베르네 소비뇽이 지속적인 품질 개선으로 최근에 명성을 높이고 있음
- 파 니엔테 와이너리의 와인은 정상급 와이너리가 밀집한 오크빌 지역 내에서 다른 와인보다도 높은 가격대를 형성하고 있음

• 파 니엔테 와이너리 와인들 및 내부 저장고

(5) 그르기치 힐스 에스테이트(Grgich Hills Estate)

- ◈ 1977년에 마이크 그르기치(Mike Grgich)에 의해 설립되었으며 특히 정원에서 직접 재배된 고품질의 포도로 만들어진 샤르도네와 피노 누아 등의 화려한 와인으로 유명한 와이너리임
- ◈ 그르기치 힐스 에스테이트의 와인은 전통적이고 고유한 스타일을 가지고 있으며 나파 밸리의 지역 특성을 잘 반영하고 있는 와이너리이며 지속가능한 농업 및 생산 방법으로도 잘 알려져 있어 캘리포니아 와인 산업에서 높은 평가를 받고 있음
- ◈ 백악관 만찬, 엘리자베스 2세 여왕을 위한 와인으로 그르기치 힐스 에스테이트의 샤르도네가 채택되기도 했으며 수많은 블라인드 테스트 및 대회에서 높은 평가를 받았고 2023년에는 재생 유기농 농업 인증을 획득하기도 함

• 그르기치 힐스 에스테이트의 포도밭

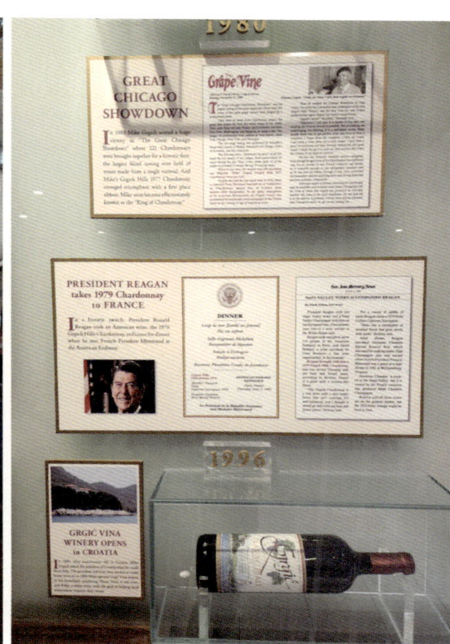

• 그르기치 힐스 에스테이트 전시장 내부

(6) 조셉 펠프스 비니어드(Joseph Phelps Vineyards)

■ 1973년 초 건축 하청업자였던 조셉 펠프스(Joseph Phelps)에 의해 세워진 와
이너리로 지금은 그의 아들이 세인트 헬레나 지역의 스프링 밸리 목장에서
운영하고 있음

■ 나파 밸리의 세인트 헬레나(Saint Helena), 스프링 밸리(Spring Valley), 마야카
마스 산(Mayacamas Mountain) 등 아름다운 자연환경에 둘러싸여 있는 조셉
펠프스 비니어드는 600ac의 포도밭에서 카베르네 소비뇽, 메를로, 카베르네
프랑, 샤르도네 등의 품종을 재배하고 있음

■ 현재 보르도 풍의 인시그니아(Insignia)와 캘리포니아에서는 매우 드문 리슬
링(Riesling)과 슈레베(Scheurebe), 비오니에(Viognier)까지 생산하고 있으며,
프랑스 론(Rhone) 지역 와인에서 영감을 얻어 뱅 뒤 미스트랄(Vins du Mis-
tral)이란 이름하에 다수의 론 스타일 와인을 생산하고 있음

■ 특히 카베르네 소비뇽을 기본으로 다른 보르도 포도 품종을 블렌딩한 인시
그니아는 나파 밸리 최고의 와인 중 하나로 꼽힘

• 조셉 펠프스 비니어드 야외 및 내부 이미지

(7) 오푸스 원 와이너리(Opus one Winery)

■ 캘리포니아 나파 밸리의 로버트 몬다비(Robert Mondavi)와 프랑스 기업인 바
롱 필립 드 로칠드(Baron Philippe de Rothschild)가 1978년에 협력하여 세운
와이너리

■ 캘리포니아 와인이 유명하지 않았던 시기에 오푸스 원은 새로운 세계 와인
의 표준을 제시했으며, 캘리포니아의 와인을 세계적으로 인정받는 수준으
로 끌어올림

■ 오푸스 원은 높은 품질의 카베르네 소비뇽(Cabernet Sauvignon)과 메를로
(Merlot) 포도를 사용하며 와인 제조에는 프랑스의 전통적인 기법을 적용함

■ 오푸스 원 오버추어 922(Opus One Overture 922) 와인은 오푸스 원 와이너리
의 역사, 혁신적인 제조 과정, 최고 품질의 포도 품종을 결합한 우아하고 풍
부한 오푸스 원 와이너리 와인의 완성작이라 불림

• 오푸스 원 와이너리 입구

• 오푸스 원 와이너리 야외

(8) 로버트 몬다비 와이너리(Robert Mondavi Winery)

- 세계적으로 유명한 와이너리 중 하나로 1966년에 와인 산업의 혁신가이자 대중화의 선구자로 손꼽히는 로버트 몬다비(Robert Mondavi)에 의해 설립되었고 나파 밸리를 세계적인 와인 생산지로 발전시키는 데 큰 기여를 함
- 이 와이너리는 뛰어난 품질의 와인으로 유명한데 특히 고품질의 포도로부터 혁신적이 생산 기술과 전통적인 와인 제조 기법을 조합하여 생산된 카베르네 소비뇽, 메를로가 잘 알려져 있음
- 나파 밸리에 위치한 와이너리는 아름다운 건축물과 정원으로 유명하며 방문객들은 와이너리 투어와 와인 시음 행사에 참여할 수 있음
- 로버트 몬다비 와이너리는 와인 생산뿐만 아니라 와인 문화의 중심지로서도 인정받고 있으며 와인 애호가들과 관광객들에게 매력적인 방문지임

• 나파 밸리의 로버트 몬다비 와이너리

(9) 브이 사투이(V. Sattui)

- 나파 밸리에서 가장 오래된 역사를 지닌 와이너리로 1885년 이탈리아 제노바에서 이주한 비토리오 사투이(Vittorio Sattui)가 나파 밸리 세인트 헬레나(St. Helena) 지역에 설립함
- 1920년 주류 금지법이 제정되어 폐업한 이후 비토리오의 증손자 다리오(Da-rio)가 1976년에 다시 설립하여 현재 60가지 이상의 와인을 생산하고 있음
- 피크닉, 결혼식, 이벤트를 위한 명소로도 유명하며 와이너리 중에 유일하게

바비큐를 판매하고 있음

• 브이 사투이 외관 　　　　　　　　　　　출처: V.Sattui Winery zrr.kr/yw8J

• 브이 사투이 야외 피크닉 　　　　　　　　출처: V.Sattui Winery zrr.kr/yw8J

4) 기타

(1) 와인 트레인

■ 나파 밸리 와인 트레인(Napa Valley Wine Train)은 나파와 세인트 헬레나 사이를 운행하는 나파 밸리 레일로드(Napa Valley Railroad)에서 운영하는 열차로 욘트빌, 러더퍼드 및 오크빌 마을을 지나면서 여러 포도원과 와이너리 투어를 진행함

■ 와인 트레인은 다양한 루트와 투어 옵션을 제공하며 일부 투어에는 와이너리 투어와 와인 시음 행사가 포함되어 있고 나파 밸리를 탐험하는 것을 포함하여 지역의 관광 명소를 탐방하기도 함

■ 나파 와인 트레인 노선도

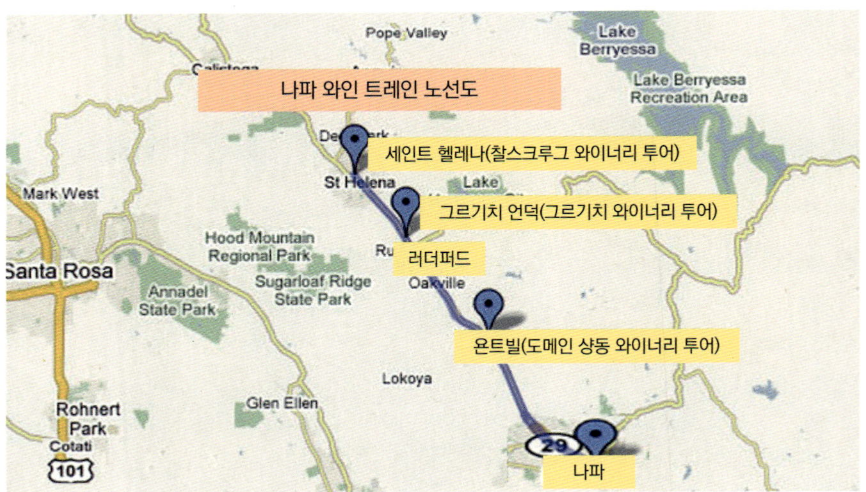

• 나파 와인 트레인 노선도   출처: www.atdlines.com/cbr-napa.htm

• 나파 와인 트레인 승강장

• 나파 오인 트레인 내부 레스토랑

• 나파 와인 트레인에서 보이는 풍경

(2) 나파 리버 인(Napa River inn)

- ■ 창고를 호텔로 재생. 1884년 설립될 당시 소유주였던 하트(Hatt) 선장은 강가를 따라 선적 및 상가 사업을 운영하여 현지 포도원에 공급품 및 와인을 저장하기 위한 창고로 사용함
- ■ 1912년 케이그(Keig) 가족에 의해 밀 제분 공장 및 곡물 창고로 활용되다가 1995년 호텔, 레스토랑 및 상업 시설로 재생

■ 옥스보우 퍼블릭 마켓(Oxbow Public Market)
- 나파 밸리 지역에서 생산된 와인과 제철 채소, 유기농 식재료를 구입할 수 있는 실내형 재래시장
- 시장 내부에는 다양한 음식점과 카페, 디저트 숍도 들어서 있어 쇼핑과 함께 식사도 즐길 수 있음

■ CIA 앳 코피아(CIA at Copia) 요리학교
- 1946년에 설립된 CIA(Culinary Institute of America)가 운영하는 코피아(Copia)는 미국 명문 요리대학으로 뉴욕, 캘리포니아, 텍사스, 싱가포르에 캠퍼스를 두고 있음
- 세계 3대 요리학교 중 하나로 꼽히고 있으며 미국 내 요리학교 랭킹 1위일 뿐 아니라 세계 최고의 권위 있는 요리 전문 대학으로 전 세계 요리사들 사이에서 인정받고 있음
- 학생들과 일반인들을 위한 다양한 푸드와 와인 수업을 비롯하여 푸드 페스티벌, 레스토랑, 아트 콜렉션, 각종 와인 행사 등을 진행하고 있음

• CIA 앳 코피아 입구

• CIA 앳 코피아 야외 조각

• CIA 앳 코피아 내부

• CIA 앳 코피아 야외 테이블

3. 샌프란시스코 주요 대학 – 스탠퍼드, 버클리, 미네르바

1) 개요

- 미국의 모든 주요 도시들 중에서 샌프란시스코는 시애틀 다음으로 대학 학위를 소지한 주민의 비율이 높은 도시이며 성인의 44% 이상이 학위를 가지고 있음
- 샌프란시스코는 IT 기업의 중심지이자 경제, 생명공학, 의학, 인공지능, 컴퓨터 공학 등의 다양한 분야에서 두각을 나타내고 있는 도시로 다양한 대학들과 연계하여 지역 경제와 혁신을 촉진하는 데에 중요한 역할을 하고 있음
- 샌프란시스코에는 세계적으로 유명한 대학과 대학원이 위치하고 있으며 다양한 학위 프로그램과 전문 분야를 제공하여 학생들이 자신의 교육 목표를 달성할 수 있도록 지원하고 있음

• 샌프란시스코 대학 위치　　　　　　　　　　　　　　　출처: 구글맵

2) 스탠퍼드 대학교

- Stanford University. 팰로 앨토에 위치한 사립 연구 대학으로, 미국에서 가장 큰 규모이자 세계에서 두 번째로 큰 규모의 캠퍼스를 자랑함
- 1885년 릴랜드 스탠퍼드(Leland Stanford)와 제인 스탠퍼드(Jane Stanford)가 15세의 나이에 장티푸스로 사망한 외아들 릴랜드 스탠퍼드 주니어(Leland Stanford Jr.)를 기리기 위해 설립함
- 수많은 국가대표 선수와 노벨상, 튜링상, 필즈상 수상자를 배출했으며, 일부 졸업생은 실리콘 밸리의 주요 IT 기업 CEO를 역임함
- 모든 학과가 고르게 세계 최고이며, 교수진의 수가 매우 많아 학생들이 직접 교수와 학문적 토론을 할 기회가 많음
- 학교 주변이 아직 발전하지 않았을 당시, 취직할 회사가 없다면 직접 회사를 만들라는 기업가 정신을 강조하여 학교 주변 산업 발전에 큰 영향을 주었으며, 많은 졸업생들이 직접 실리콘 밸리의 기반을 설립함
- 현재도 기업가 정신을 강조하는 학풍을 유지하고 있으며, 실제로 많은 학생들이 창업하여 IT 기업, 스타트업의 이미지가 생김

• 스탠퍼드 대학의 외관

• 윌리엄 교육 센터 입구

• 스탠퍼드 대학교 교회 내부

3) 버클리 대학교(UC 버클리)

- 캘리포니아 버클리에 있는 공립 토지 보조금 연구 대학으로, 주 최초의 토지 보조금 대학이자 UC(University of California) 시스템의 첫 번째 캠퍼스
- 14개의 단과대학으로 구성되어 있으며, 350개 이상의 학위 프로그램을 제공
- 미국 대학 협회의 창립 회원인 버클리의 이름을 땄으며, 3개의 국립 연구소와 긴밀한 관계를 유지하고 있음
- 미국 내에서 가장 우수한 박사과정 프로그램이 제일 많음
- 노벨상, 필즈상을 비롯한 각종 수학, 과학 관련 저명한 상의 수상자를 제일 많이 배출했으며, 특히 7명의 국가 원수를 배출함
- 기업가 정신을 강조하여 졸업생들이 애플, 테슬라, 인텔 등 세계를 선도하는 기업을 설립함
- 버클리 대학의 운동 팀은 107개의 전국 선수권 대회에서 우승했으며 학생과 졸업생은 223개의 올림픽 메달(금 121개 포함)을 획득함

• 버클리 대학교 정문

• 버클리 대학교 내부

• 버클리 대학교 내부 시설

4) 미네르바 대학교

(1) 개요

- 미국의 혁신 대학으로, 스타트업처럼 투자를 받아 2011년 설립되었으며 캠퍼스 없이 7개 국가를 돌며 구글·애플·아마존 등 글로버 IT 기업에서 인턴십을 하며 이론과 실습을 함께 공부하는 미래형 대학

- 미네르바 스쿨 최고경영자 벤 넬슨은 HP에 인수된 스냅피시라는 IT 기업을 설립한 벤처기업가. 대학 컨소시엄인 KGI에 인가된 공식 대학으로 학위 수여 가능

- 정형화된 시험 없이 30분 정도 과거 활동에 대한 에세이를 작성함. 학교 측에서는 별도의 심사를 거쳐 학교의 인재상(밝고, 자기 주도적이고, 호기심이 많은 학생)에 맞는 인재 선발

- 미네르바 스쿨은 하버드대보다 입학 경쟁이 치열하여 신입생 200명을 모집하는데 70개 국가에서 2만 3,000명이 지원하기도 함

(2) 교육 방식

- 컴퓨터 과학, 사회 과학과, 예술 인문학과 등 융합된 전공 커리큘럼이 다양하고 독특한 교육 방식으로 기존 대학 교육의 대안으로 떠오르고 있음

- 물리적인 교실이 없고 4년 동안 100% 온라인으로 수업을 수강하며 학생 100%가 기숙사 생활을 함. 기숙사 위치는 1년마다 미국, 아르헨티나, 독일, 인도, 한국, 이스라엘, 영국 등으로 옮김

  ※ 1학년 샌프란시스코, 2학년 서울·하이데라바드(인도), 3학년 베를린·부에노스아이레스, 4학년 런던·타이베이(카카오, SK엔카닷컴 등 국내 기업이 프로젝트에 참여함)

- 단순히 강의를 재생하는 온라인 강의가 아닌 자체 개발한 영상 통화 도구를 수업에 활용하여 영상 전화뿐만 아니라 교육에 필요한 다양한 기능(학생별 찬반 현황, 발언 수에 따라 색 표시) 탑재

- 영상 통화를 진행함과 동시에 조별 활동도 구글독스와 같은 협업 문서 도구를 이용해서 보고서를 작성하여 모든 기록이 남기 때문에 교사와 학생 간의

구체적인 피드백이 가능함
- ▣ 학교 관리자는 녹화된 강의 자료를 보면서 교수가 학생의 성취도 향상에 기여한 바를 보고 역량을 평가할 수 있음

(3) 실제 수업 진행 화면

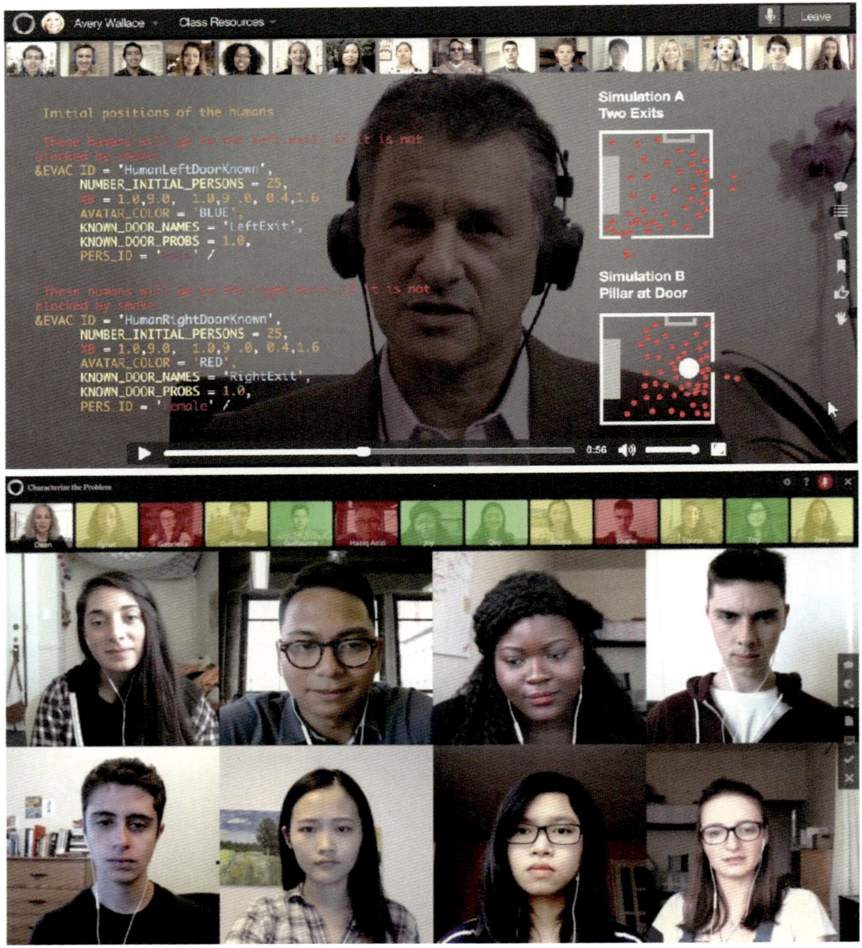

1) 필즈 커피

- ▣ Philz Coffee. 2003년 샌프란시스코 미션 디스트릭트에 설립되어 샌프란시스코에 본사를 둔 미국 커피 회사이자 커피 하우스 체인 브랜드로 커피 및 음료 라인, 온라인 구매 상품 및 봉지 커피 블렌드 라인을 판매하고 있음
- ▣ 샌프란시스코 베이 지역, 그레이터 로스앤젤레스, 샌디에이고, 새크라멘토, 워싱턴 DC, 버지니아, 시카고 전역에 걸쳐 69개의 지점을 소유하고 있음
- ▣ 2013년 서밋 파트너스(Summit Partners)와 소수의 개인 투자자로부터 자금을 확보하여 새로운 시장으로 확장했고 페이스북의 CEO 마크 저커버그가 단골 고객이었던 것으로 유명함

출처: www.southlakeavenue.org

2) 블루 보틀

- ▣ Blue Bottle. 2000년대 초에 W. 제임스 프리먼(James Freeman)에 의해 오클랜드의 테메스컬(Temescal) 지구에서 설립되었으며 유럽 최초 카페인 '블루 보틀 커피 하우스(Blue Bottle Coffee House)'에서 이름이 유래됨
- ▣ 설립 이후 페리 빌딩과 샌프란시스코 현대 미술관의 옥상 정원을 비롯하여 샌프란시스코

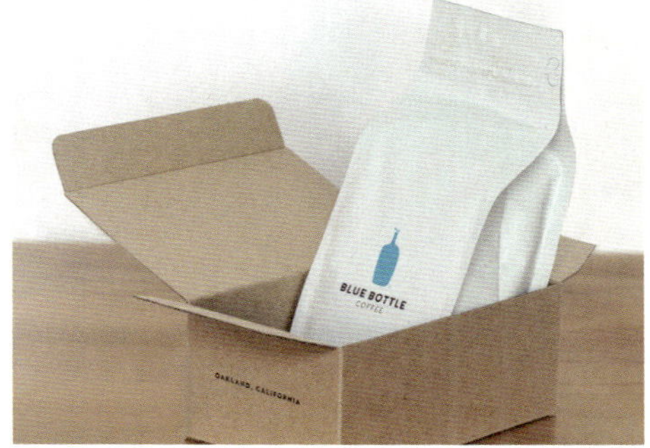

• 블루 보틀 커피

출처: bluebottlecoffee.com

주변의 여러 카페로 확장되었고 2021년 6월 기준으로 캘리포니아, 뉴욕, 워싱턴 DC, 보스턴, 시카고, 서울, 교토, 고베, 도쿄, 요코하마 등 99개의 매장을 운영하고 있음

■ 블루 보틀 커피는 지속가능성을 높이기 위해 일부 매장에서 일회용 컵을 없애는 등의 노력을 하고 있으며 고품질의 커피와 정교한 로스팅 기술로 샌프란시스코뿐만 아니라 전 세계적으로 매우 인기가 많은 브랜드임

3) 사이트글래스

■ 샌프란시스코 유명 커피 브랜드 포 배럴 출신 바리스타가 2009년에 설립한 브랜드로 창고를 개조한 빈티지 매장, 독특한 인테리어와 원두의 깊은 맛이 강점인 브랜드

■ 회사 이름은 커피 로스팅의 복잡하고 섬세한 과정을 보여 주는 빈티지 PROBAT 커피 로스터의 보기 창인 '사이트글래스'에서 차용

■ 고품질의 커피콩을 구매하여 직접 로스팅하고, 미국 내외의 다양한 지역에서 커피 농장들과 협력 관계를 맺고 있음

■ 뛰어난 커피 품질과 투명한 공정 거래에 대한 높은 표준을 가지고 있으며, 로스팅 프로세스와 커피 추출에 대한 깊은 전문 지식을 바탕으로 커피를 제공함

■ 농장들과의 지속가능한 파트너십을 중요시하며 커피 산업의 지속가능한 발전에 기여하고자 노력하고 있음. 샌프란시스코의 커피 문화 및 산업에 큰 영향을 끼치며 커피 애호가들 사이에서 매우 인기가 높은 브랜드 중 하나

• 사이트글래스 커피　　　　출처: sightglasscoffee.com

- Sausalito. 샌프란시스코 북쪽으로 약 6km 떨어져 있으며 금문교가 건설되기 전까지 철도, 자동차 및 페리 교통의 종착역 역할을 했던 도시
- 제2차 세계대전 당시 조선 중심지로 빠르게 발전했으며 부유하고 예술적인 도시의 정체성과 그림처럼 아름다운 주거 공동체 및 관광지로서의 명성을 얻었음
- 소살리토는 환상적인 해안 경치로 유명한데 도시 전역에서는 샌프란시스코와 그 다리를 보며 바다를 배경으로 아름다운 풍경을 즐길 수 있고 특히 해안을 따라 산책하거나 자전거를 타는 것이 인기 있는 활동임

• 소살리토의 해안가 풍경

• 소살리토 거리 풍경

• 소살리토에서 본 샌프란시스코 전경

- Muir Woods National Monument. 미국 국립공원 관리국(National Park Service)이 관리하는 국립 기념물이자 자연 보호 구역으로 미국에서 가장 오래되고 여전히 살아 있는 삼림 중 하나임
- 미국의 유명한 환경 운동가이자 자연주의자인 존 뮤어(John Muir)의 이름을 따서 명명되었으며 거대한 레드우드 숲이 특징임
- 매년 많은 관광객과 자연 애호가들이 찾는 자연 삼림이며 이곳에서는 하이킹, 산책, 자연 탐구 등의 야외 활동을 즐길 수 있음

• 뮤어 우즈 국립천연기념물의 입구 및 산책로

존 뮤어

• 존 뮤어*

- 1838년 4월 21일~1914년 12월 24일. 스코틀랜드 출신의 자연주의자
  이자 작가, 환경 철학자, 식물학, 동물학자, 빙하 학자로 자신만의 자연
  탐험과 연구를 바탕으로 만들어진 책과 에세이를 통해 자연 환경 보호
  에 대한 인식을 높이고 자연의 아름다움과 중요성을 강조함
- 미국으로 이주한 이후 시에라 네바다 산맥을 중심으로 자연을 탐험했
  고 미국의 국립공원 시스템을 창설하는 데 큰 역할을 했으며 미국 환
  경 운동의 중추적인 인물임

1) 개요

- Yosemite National Park. 미국 캘리포니아주 시에라 네바다 산맥에 위치한 국립공원
- 우뚝 솟아오른 세쿼이아 나무와 화강암 절벽으로 1984년 유네스코 세계유산으로 지정됨
- 공원 면적은 3,026.87km^{2}이며, 한 해 평균 400만의 방문자가 방문하는 요세미티 공원은 95%가 자연 보호 구역으로 되어 있음
- 국립공원 개념 발전에 결정적인 역할을 하여 다양한 레저 시설 활동의 중심이 되고 있어 높은 국제적 인지도를 보유하고 있음

• 요세미티 국립공원의 입구 표지판   출처: www.asian-voice.com

2) 관람 포인트

(1) 터널 뷰(Tunnel View)

- 웅장하면서도 꿈같은 세계로 통하는 관문처럼 느껴지며 깨끗한 자연환경으로 유명함
- 아름다운 일출을 볼 수 있는 장소로 유명하여 언제나 많은 사람이 모이는 장소임
- 사계절마다 바뀌는 새로운 장관을 보여 주며 화강암 돔과 브라이덜베일 폭포(Bridalveil Fall)를 볼 수 있으며 눈과 안개로 덮이는 겨울에는 아름다움의 결정체
- 3월부터 5월(봄)에는 녹은 눈으로 레이스 폭포를 감상할 수 있음

• 요세미티 국립공원 하프돔(터널 뷰)*

• 터널 뷰의 감상 포인트 안내
출처: www.extranomical.com

(2) 하프 돔(Half Dome)

- 요세미티의 거대한 기둥 중에서도 하프 돔의 빙하로 깎인 화강암 표면이 상징적임
- 5,000ft 높이로 솟아 있는 국립공원에서 유명한 랜드마크임
- 미러레이크 트레일을 가까이에서 볼 수 있는 인기 장소이며 포장된 산책로를 따라 왕복 2마일 거리를 걸어가면 접근할 수 있음

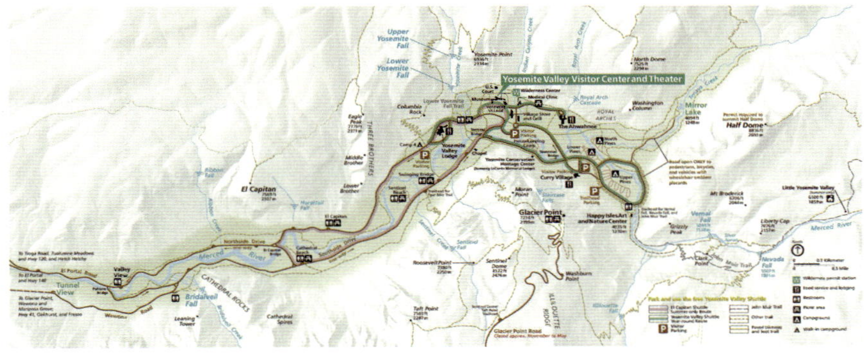

• 요세미티 밸리 지도

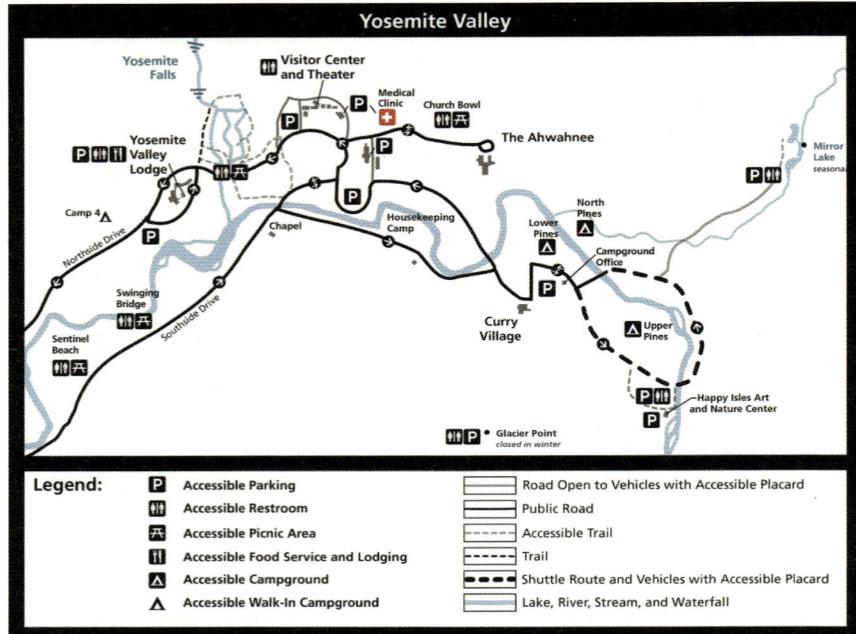

• 요세미티 밸리 주요 안내 지도

(3) 요세미티 폭포(Yosemite Falls)

■ 요세미티 국립공원에서 가장 높은 폭포로 높이는 총 739m(2,425ft)

■ 19세기 중반에 일어난 골든 러시로 인한 의견 충돌로 마라포사 전쟁이 일어났으며 이로 인해 많은 원주민들이 희생되는 일이 있었음

■ 총 6개의 낙하로 구성된 3개의 부분으로 나누어짐

분류	특징
요세미티 상단 폭포 (Upper Yosemite Fall)	- 440m(1,430ft)의 급락은 낙하의 절반 이상을 차지 - 요세미티 크릭의 빠른 물로 형성됨 - 이글크릭 초원을 통과하여 탁 트인 장관이 이루어져 계곡 가장자리로 떨어지는 구조이며 많은 기술을 요하지는 않지만 코스가 가파르기 때문에 초보 등산자나 어린이들에게는 그다지 권장하지 않음
중간 폭포 (Middle Cascades)	- 주요 급락 사이에 위치한 작은 4개의 급락 지점 - 낙하 폭은 206m(675ft)로 하단 폭포 높이의 2배 - 좁은 협곡과 수축된 모양으로 대중 접근성이 어려워 눈에 잘 띄지 않으며 높은 전망에서 관람이 가능
요세미티 하단 폭포 (Lower Yosemite Fall)	- 320ft(98m) 높이이며 봄과 초여름에는 폭포 양이 최고조에 이름 - 포장 순환된 코스로 멋진 전망을 자랑하며 휠체어를 탄 장애인도 이동 가능 (동쪽 트레일, 눈이나 얼음에 덮이지 않을 때) - 짧고 쉬운 난이도이기 때문에 폭포를 감상하기 적절한 위치이나 돌덩이들이 많기에 주의를 요함

• 요세미티 상단 폭포

출처: smile4travel.de

• 요세미티 상단 폭포 입구의 전망대

• 포장된 산책로에서 바라보는 폭포 장관   출처: www.americansouthwest.net

1) 개요

- Pebble Beach. 캘리포니아주에 위치한 유명한 관광지이자 골프 리조트 지역으로 아름다운 해안 경관과 세계적인 골프 코스로 유명하며 관광객들에게 고급스러운 휴양지로 인기 있는 장소
- 세계적으로 유명한 골프 코스를 보유하고 있으며 가장 유명한 코스 중 하나인 페블 비치 골프 링크(Pebble Beach Golf Links)는 아름다운 해안선을 따라 위치하고 있으며 PGA 투어의 경기장으로 활용되기도 함
- 골프 토너먼트와 같은 다양한 이벤트와 축제를 주최하며 특히 'AT & T 페블비치 프로암(Pro-Am)' 골프 토너먼트는 유명한 골프 프로와 연예인이 함께 참가하기도 하여 많은 골퍼 및 관광객들이 방문함

• 페블 비치

2) 주요 명소 및 코스

(1) 17마일

- ■ 페블 비치의 17마일은 휴양지인 페블 비치 지역에서 시작하여 캘리포니아 해안을 따라 약 17마일(약 27km)에 걸쳐 경치 좋은 명소들이 이어지는 도로임
- ■ 주요 관광 명소로는 사이프러스 포인트(Cypress Point), 버드 록(Bird Rock), 포인트 조(Point Joe), 실 포인트(Seal Point) 등이 있으며 아름다운 해안 경관과 특이한 지형을 감상할 수 있는 휴양지로서 많은 관광객들에게 인기가 있음

• 17마일 도로 풍경 및 주요 명소 버드 록

(2) 페블 비치 골프 링크 코스

- 페블 비치 골프 링크는 세계적으로 유명한 골프 코스로 골프 애호가들 사이에서 매우 인기가 있으며 아름다운 해안 경관과 고난도의 코스로 잘 알려져 있음
- 이 코스는 유명한 골프 토너먼트와 이벤트의 개최지로 활용되는데 그중에서 가장 유명한 것은 유명 인사와 프로 골퍼들이 함께 경기를 펼치는 이벤트인 페블 비치 프로암임

• 페블 비치 골프 링크 코스

(3) 페블 비치 스페니시 베이 코스

- 페블 비치의 세 번째 골프 코스로 한때 모래 채굴 작업이 이루어졌던 부지에 위치하여 해안 경관 및 특이한 디자인으로 골퍼들에게 인기가 많은 코스임
- 2015년부터 더 링크스 앳 스페니시 베이(The Links at Spanish Bay)는 델 테크놀로지스(Dell Technologies)가 주최하는 테일러메이드 페블 비치 인비테이셔널(TaylorMade Pebble Beach Invitational) 기간 동안 PGA, LPGA 및 챔피언스 투어를 공동 주최해 왔으며 매년 여러 개의 소규모 참가자 토너먼트를 개최함

• 페블 비치 스페니시 베이 코스

1) 개요

- 테슬라(Tesla)는 미국 텍사스주 오스틴에 기반을 둔 전기 자동차 회사로 2003년 미국의 엔지니어인 마틴 에버하드(Martin Eberhard)와 미국의 기술 사업가인 마크 타페닝(Marc Tarpenning)이 함께 설립함
- 2004년 온라인 지불 시스템 회사 페이팔(PayPal)의 최고경영자이던 일론 머스크(Elon Musk)가 테슬라에 650만 달러를 투자했고 2008년에 최대 주주이자 회장이 됨
- 2010년대 이후로 전기 자동차 외에도 전기차 충전 인프라, 로봇, 자율주행, 재생 에너지 등으로 분야를 확장하며 2010년대 중반부터 전기 자동차 점유율 부문에서 1위를 지켜 오고 있음
- 2018년 테슬라 '모델(Model) 3'의 안정적 생산에 성공하면서 2019년 말부터 흑자 전환에 성공했으며 현재 지속가능한 에너지로의 전 세계적 전환을 가속화하고자 노력하고 있음

2) 프리몬트 테슬라 공장

- 프리몬트 공장은 테슬라 최초 공장이자 캘리포니아에서 가장 큰 제조 현장 중 하나로 기존 제너럴모터스(GM) 및 도요타의 자동차를 생산하던 공장을 2010년 테슬라가 인수하여 디지털화, 자동차 공장으로 개조함
- 보급형 전기차 '모델 3' 양산을 위해 미국 캘리포니아 프리몬트에 건설된 테슬라 공장은 사람이 없는 완전 자동화로 설계됐으나 당시 심각한 생산 차질이 발생하자 일론 머스크가 급히 텐트를 활용한 보조 공장을 지어 근로자 400여 명을 고용함
- 이후 테슬라가 구축한 생산 라인은 지속적으로 자동화율을 높였고 배치된 인력 규모를 계속 축소하는 방향으로 완전 무인화를 목표로 하고 있음
- 테슬라는 완성차 조립을 주력으로 모델 S, 모델 3, 모델 X 및 모델 Y를 생산

했으며 현재 사이버트럭과 개량형 모델 3 하이랜드 버전을 생산 중임

구분	내용
위치	45500 Fremont Blcd, Fremont, CA 94538 미국
설립/인수	1962년 설립/2010년 인수
면적	304m^2
주 생산품	차량
생산량	연간 최대 55만 대의 Model 3/Model Y 연간 최대 10만 대 Model S/ Model X(2023년 기준)

• 캘리포니아 프리몬트에 위치한 테슬라 공장

3) 테슬라 쇼룸(Tesla Showroom)

- ■ 프리몬트에 위치한 테슬라 쇼룸에는 모델 X, 모델 S 차량, 좌석과 외장을 뜯어낸 차체가 전시되어 있으며 캐주얼한 복장을 한 엔지니어가 직접 시승을 도와주고 자동차의 기능에 대해 설명해 줌
- ■ 테슬라 쇼룸의 차별성
  - 화려한 딜러 대신 캐주얼 복장의 직원
  - 고가의 차를 과시하지 않는 심플한 공간
  - IT 기술력을 앞세운 시승 경험

• 테슬라 쇼룸 내부

10. 세계 주요 도시별 면적·인구 현황(2023년 기준)

도시	면적(km²)	인구(명)	인구밀도(명/km²)
뉴욕	789.4	8,258,035	10,461
런던	1,579	8,982,256	5,689
파리	105.4	2,102,650	19,949
도쿄	2,194	13,988,129	6,376
베를린	891	3,769,495	4,231
함부르크	755	1,910,160	2,530
서울	605.2	9,919,900	16,397
암스테르담	219.3	821,752	3,747
로테르담	319.4	655,468	2,052
샌프란시스코	121.5	808,437	6,654
밀라노	181.8	1,371,498	7,544
베네치아	414.6	258,051	622

11. 세계 초고층 빌딩 현황

순위	건물 명칭	도시	국가	높이(m)	층수	착공	완공(예정)	상태
1	부르 즈 칼리파	두바이	사우디 아라비아	828	163	2004	2010	완공
2	메르데카 118	쿠알라 룸푸르	말레이시아	680	118	2014	2023	완공
3	상하이 타워	상하이	중국	632	128	2009	2015	완공
4	메카 로얄 시계탑	메카	사우디 아라비아	601	120	2002	2012	완공
5	핑안 금융 센터	심천	중국	599	115	2010	2017	완공

순위	건물 명칭	도시	국가	높이 (m)	층수	착공	완공 (예정)	상태
6	버즈 빙하티 제이콥 앤 코 레지던스	두바이	사우디 아라비아	595	105		2026	건설중
7	롯데월드타워	서울	한국	556	123	2009	2016	완공
8	원 월드 트레이드 센터	뉴욕	미국	541	94	2006	2014	완공
9	광저우 CTF 파이낸스 센터	광저우	중국	530	111	2010	2016	완공
10	텐진 CTF 파이낸스 센터	텐진	중국	530	97	2013	2019	완공
11	CITIC 타워	베이징	중국	527	109	2013	2018	완공
12	식스 센스 레지던스	두바이	사우디 아라비아	517	125	2024	2028	건설중
13	타이베이 101	타이베이	중국	508	101	1999	2004	완공
14	중국 국제 실크로드 센터	시안	중국	498	101	2017	2019	완공
15	상하이 세계 금융 센터	상하이	중국	492	101	1997	2008	완공
16	텐푸 센터	청두	중국	488	95	2022	2026	건설중
17	리자오 센터	리자오	중국	485	94	2023	2028	건설중
18	국제상업센터	홍콩	중국	484	108	2002	2010	완공
19	노스 번드 타워	상하이	중국	480	97	2023	2030	건설중
20	우한 그린랜드 센터	우한	중국	475	101	2012	2023	완공
21	토레 라이즈	몬테레이	멕시코	475	88	2023	2026	건설중
22	우한 CTF 파이낸스 센터	우한	중국	475	84	2022	2029	건설중
23	센트럴파크 타워	뉴욕	미국	472	98	2014	2020	완공
24	라크타 센터	세인트 피터스버그	러시아	462	87	2012	2019	완공
25	빈컴 랜드마크 81	호치민	베트남	461	81	2015	2018	완공

12. 세계 주요 도시의 공원

번호	도시, 국가	공원 이름	면적(km²)	설립 연도
1	런던, 영국	리치먼드 공원(Richmond Park)	9.55	1625
2	파리, 프랑스	부아 드 불로뉴(Bois de Boulogne)	8.45	1855
3	더블린, 아일랜드	피닉스 공원(Phoenix Park)	7.07	1662
4	멕시코시티, 멕시코	차풀테펙 공원(Bosque de Chapultepec)	6.86	1863
5	샌디에이고, 미국	발보아 파크(Balboa Park)	4.9	1868
6	샌프란시스코, 미국	골든게이트 공원(Golden Gate Park)	4.12	1871
7	밴쿠버, 캐나다	스탠리 파크(Stanley Park)	4.05	1888
8	뮌헨, 독일	엥글리셔 가르텐(Englischer Garten)	3.70	1789
9	베를린, 독일	템펠호퍼 펠트(Tempelhofer feld)	3.55	2010
10	뉴욕, 미국	센트럴 파크(Central Park)	3.41	1857
11	베를린, 독일	티어가르텐(Tiergarten)	2.10	1527
12	로테르담, 네덜란드	크랄링세 보스(Kralingse Bos)	2.00	1773
13	런던, 영국	하이드 파크(Hyde Park)	1.42	1637
14	방콕, 태국	룸피니 공원(Lumpini Park)	0.57	1925
15	글래스고, 영국	글래스고 그린 공원(Glasgow Green)	0.55	15세기
16	도쿄, 일본	우에노 공원(Ueno Park)	0.53	1924
17	암스테르담, 네덜란드	폰덜 파크(Vondel park)	0.45	1865
18	함부르크, 독일	플란텐 운 블로멘(Planten un Blomen)	0.47	1930
19	로테르담, 네덜란드	헷 파크(Het Park)	0.28	1852
20	도쿄, 일본	하마리큐 공원(Hamarikyu Gardens)	0.25	1946
21	에든버러, 영국	미도우 공원(The Meadows)	0.25	1700년대
22	바르셀로나, 스페인	구엘 공원(Park Güell)	0.17	1926
23	밀라노, 이탈리아	몬타넬리 공공 공원 (Giardini pubblici Indro Montanelli)	0.17	1784
24	파리, 프랑스	베르시 공원(Parc de Bercy)	0.14	1995
25	서울, 한국	여의도 공원(Yeouido Park)	0.23	1972
26	서울, 한국	서울숲(Seoul Forest)	0.12	2005

7

참고 문헌 및 자료

정용화, 박용서(2020), 〈고속철도역사 기반 역세권 개발 관련 지속가능성에 관한 연구―샌프란시스코의 트랜스베이 지구를 중심으로〉,《한국주거학회논문집》, 31(1), pp. 105~114, 10.6107/JKHA.2020.31.1.105

정이환, 〈미국 실리콘밸리 첨단 산업 발전의 사회적 배경〉, 1994

kotra, 〈미국 실리콘밸리 2021 해외 출장 가이드〉, pdf

정안석, [Management] INGRAFF 특약 11 테슬라 쇼룸 체험기_기름기 쫙 빼고 가치만 '쇼잉' 더스쿠프. 2019-05 (337):56-57

Urban Development and Redevelopment in San Francisco

Author(s): Brian J. Godfrey

Source: Geographical Review, Vol. 87, No. 3 (Jul., 1997), pp. 309~333

San Francisco Planning Annual Report Fiscal Year 2022-23, San Francisco Planning, https://annualreport.sfplanning.org/

https://s-space.snu.ac.kr/bitstream/10371/46155/1/d-area-940302.pdf

Business and Professions code 16600, Contracts in Restraint of Trade,

https://leginfo.legislature.ca.gov/faces/codes_displaySection.xhtml?lawCode=BPC§ionNum=16600

https://s-space.snu.ac.kr/bitstream/10371/46154/1/d-area-940301.pdf

https://www.statista.com/statistics/591696/gdp-of-the-san-francisco-bay-area-by-industry/#:~:text=In%202022%2C%20the%20GDP%20of,States%20can%20be%20found%20here

https://en.wikipedia.org/wiki/San_Francisco#Demographics

https://en.wikipedia.org/wiki/San_Francisco_Bay_Area#Demographics

https://en.wikipedia.org/wiki/United_States#Economy

https://www.bea.gov/news/2024/gross-domestic-product-fourth-quarter-and-year-2023-second-estimate#:~:text=Real%20GDP%20increased%202.5%20percent,in%202022%20(table%201)

https://en.wikipedia.org/wiki/California_gold_rush

https://en.wikipedia.org/wiki/Counterculture_of_the_1960s

https://en.wikipedia.org/wiki/Summer_of_Love

https://en.wikipedia.org/wiki/Psychedelic_rock

https://en.wikipedia.org/wiki/Hippie

https://sf.demochoice.org/

https://growsf.org/sf-district-supervisor-map/

https://data.sfgov.org/Geographic-Locations-and-Boundaries/Map-of-Supervisor-Districts-2022-/63dt-nj2t

https://historyincharts.com/the-population-boom-of-the-california-gold-rush

https://sfurbanplanning.weebly.com/

https://sfplanning.org/future-downtown

https://projects.sfchronicle.com/guides/san-francisco-architecture/

https://sfplanning.org/

https://sfplanning.org/future-downtown#about

https://centreofexcellence.net/index.php/JSS/article/view/jss.2016.5.2.104.129

https://ocii.sfgov.dev.sf.gov/project-areas

https://www.sfmta.com/projects/treasure-island-yerba-buena-island-project

https://en.wikipedia.org/wiki/Parklet

https://en.wikipedia.org/wiki/Clam_chowder

https://www.pier39.com/

https://en.wikipedia.org/wiki/Ghirardelli_Chocolate_Company

https://boudinbakery.com/

https://www.pinterest.co.kr/pin/218002438197564043/?lp=true

https://sf.streetsblog.org/2013/06/20/city-officials-unveil-a-people-friendly-street-in-fishermans-wharf/

https://www.sftourismtips.com/the-cannery-san-francisco.html

https://www.fishermanswharf.org/

https://en.wikipedia.org/wiki/Fisherman%27s_Wharf,_San_Francisco

https://en.wikipedia.org/wiki/Golden_Gate_Bridge

https://greatruns.com/san-francisco-the-presidio/

https://presidio.gov/visit/presidio-park-maps

https://www.nps.gov/fopo/index.htm

https://www.waltdisney.org/?gad_source=1&gclid=CjwKCAjw5v2wBhBrEiwAXDDoJWAAwcXIjqW-jz-sbvAZTY-eshKUV6yrA1eh7Ci9KW4IRXyqMgHIaOhoC8s0QAvD_BwE

https://en.wikipedia.org/wiki/Walt_Disney_Family_Museum

https://wilsonmeany.com/project/ferry-building/

https://en.wikipedia.org/wiki/San_Francisco_Ferry_Building

https://en.wikipedia.org/wiki/Park_Tower_at_Transbay

http://parktowerattransbay.com/

https://www.salesforceben.com/incredible-facts-about-salesforce-tower/

https://www.hines.com/properties/salesforce-tower-san-francisco

https://www.salesforce.com/company/ohana-floors/salesforce-tower-sf/

https://www.world-architects.com/en/architecture-news/reviews/salesforce-transit-center

https://americas.uli.org/salesforce-park-2020-uli-urban-open-space-awards-finalist/

https://www.tjpa.org/salesforce-transit-center/salesforce-park

https://www.platformspace.net/home/salesforce-parks-sleight-of-hand

https://en.wikipedia.org/wiki/Embarcadero_Center

https://ballparkdigest.com/2019/02/04/oracle-park-certified-leed-platinum/

https://www.mlb.com/giants/ballpark/seat-map

https://en.wikipedia.org/wiki/Oracle_Park

https://www.sfchronicle.com/bayarea/nativeson/article/Mission-Bay-17686127.php

https://en.wikipedia.org/wiki/Mission_Bay,_San_Francisco

https://en.wikipedia.org/wiki/Potrero_Generating_Station

https://www.commercialsearch.com/news/raising-the-bar-for-the-future-of-san-franciscos-pier-70/

https://stephaniejohnsonsf.com/?neighborhood=central-waterfrontdogpatch

https://www.librarything.com/venue/19955/Dog-Eared-Books-Valencia
https://www.dogearedbooks.com/about
https://en.wikipedia.org/wiki/Clarion_Alley
https://en.wikipedia.org/wiki/Mission_District,_San_Francisco
https://en.wikipedia.org/wiki/Mission_Dolores_Park
https://www.flickr.com/photos/edibleoffice/4810680310/
https://en.wikipedia.org/wiki/The_Women%27s_Building_(San_Francisco)
https://sfplanning.org/5m-project#about
https://www.sitelaburbanstudio.com/project-page-5m
https://brunch.co.kr/@thecurrentcity0/15
https://www.sfhighrises.com/5m-san-francisco/
5M Project | SF Planninghttps://sfplanning.org > 5m-project
5M - Brookfield Propertieshttps://www.brookfieldproperties.com > 5m-102
5M Homehttps://5msf.com
http://www.sitelaburbanstudio.com/5mproject/8678ojyo8yhof4qyc88rpk80o61fsq
https://www.archdaily.com/944836/mira-tower-studio-gang
https://studiogang.com/project/mira
https://mirasf.com/neighborhood
https://mirasf.com/building
https://en.wikipedia.org/wiki/MIRA_(building)
https://epiccleantec.com/projects/fifteen-fifty
https://pier24.org/exhibition/about-face/
https://news.artnet.com/art-world/san-franciscos-pier-24-photography-getting-evicted-1734051)
https://en.wikipedia.org/wiki/Pier_24_Photography
https://en.wikipedia.org/wiki/Union_Square,_San_Francisco
https://en.wikipedia.org/wiki/Alamo_Square,_San_Francisco
https://www.alamosquare.org/mission-and-history#park-history
https://en.wikipedia.org/wiki/Palace_of_Fine_Arts
https://en.wikipedia.org/wiki/Twin_Peaks_(San_Francisco)
https://www.sftravel.com/article/guide-to-twin-peaks
https://www.sfmoma.org/
https://en.wikipedia.org/wiki/Pan_American_Unity
https://en.wikipedia.org/wiki/Spider_(Bourgeois)
https://en.wikipedia.org/wiki/San_Francisco_Museum_of_Modern_Art
https://yerbabuenagardens.com/
https://en.wikipedia.org/wiki/Yerba_Buena_Gardens
https://sanfrancisco.gaycities.com/heritage/308672-castro-rainbow-crosswalk
https://en.wikipedia.org/wiki/Castro_District,_San_Francisco#Castro_Street_History_Walk
https://www.vox.com/recode/2020/1/21/21076325/san-francisco-pride-ban-google-pride-parade

https://www.sfgate.com/local/article/hayes-valley-17389244.php
https://goop.com/travel/experiences/the-best-spots-in-hayes-valley-san-francisco/
https://secretsanfrancisco.com/the-stud-reopening-sf/
https://www.sfjazz.org/visit/sfjazz-center/
https://en.wikipedia.org/wiki/SFJAZZ_Center
https://en.wikipedia.org/wiki/Hayes_Valley,_San_Francisco
https://missywinssf.com/neighborhoods/hayes-valley
https://en.wikipedia.org/wiki/Japanese_Tea_Garden_(San_Francisco)
https://www.chilihousesf.com/blog/san-franciscos-golden-gate-park/
https://en.wikipedia.org/wiki/Golden_Gate_Park
https://en.wikipedia.org/wiki/California_Academy_of_Sciences
https://en.wikipedia.org/wiki/Murphy_Windmill
https://en.wikipedia.org/wiki/De_Young_Museum
https://www.famsf.org/visit/de-young
https://en.wikipedia.org/wiki/Haight-Ashbury
https://en.wikipedia.org/wiki/Lombard_Street_(San_Francisco)
https://edition.cnn.com/travel/article/lombard-street-fee-san-francisco/index.html
https://en.wikipedia.org/wiki/Nob_Hill,_San_Francisco
https://en.wikipedia.org/wiki/Russian_Hill,_San_Francisco
https://en.wikipedia.org/wiki/Alcatraz_Island
https://en.wikipedia.org/wiki/San_Francisco_Cable_Car_Museum
https://www.sfcablecar.com/index.html
https://www.cablecarmuseum.org/ride.html
https://en.wikipedia.org/wiki/Main_Library_(San_Francisco)
https://en.wikipedia.org/wiki/Civic_Center,_San_Francisco
https://sfciviccenter.org/
https://en.wikipedia.org/wiki/San_Francisco%E2%80%93Oakland_Bay_Bridge
https://en.wikipedia.org/wiki/Columbus_Tower_(San_Francisco)
https://www.architect-us.com/blog/2020/05/the-columbus-tower/
https://en.wikipedia.org/wiki/Coit_Tower
https://www.foundsf.org/index.php?title=Coit_Tower_National_Historic_Site
https://en.wikipedia.org/wiki/Grace_Cathedral,_San_Francisco
https://gracecathedral.org/who-we-are/
https://en.wikipedia.org/wiki/Chinatown,_San_Francisco
https://www.sftourismtips.com/hidden-garden-steps.html
https://en.wikipedia.org/wiki/Grandview_Park
http://www.16thavenuetiledsteps.com/
https://en.wikipedia.org/wiki/16th_Avenue_Tiled_Steps
https://en.wikipedia.org/wiki/Exploratorium

https://www.exploratorium.edu/

https://en.wikipedia.org/wiki/Moscone_Center

https://en.wikipedia.org/wiki/Hallidie_Building

https://en.wikipedia.org/wiki/Transamerica_Pyramid

https://en.wikipedia.org/wiki/Lefty_O%27Doul_Bridge

https://en.wikipedia.org/wiki/Mechanics_Monument

https://en.wikipedia.org/wiki/Cupid%27s_Span

https://namu.wiki/w/%EC%8B%A4%EB%A6%AC%EC%BD%98%EB%B0%B8%EB%A6%AC

https://ko.wikipedia.org/wiki/실리콘_밸리

https://ko.weatherspark.com/y/1098/미국-캘리포니아-주-산호세에서-년중-평균-날씨

실리콘밸리 관련 지표들, https://siliconvalleyindicators.org/

https://moneylogging.tistory.com/entry/%EC%95%A0%ED%94%8C-%EC%86%8C%EA%B0%9C-%EA%B8%B0%EC%88%A0%EB%A0%A5-%EB%AF%B8%EB%9E%98-%EC%A0%84%EB%A7%9D

https://makedollar.pe.kr/entry/%EC%9D%B8%ED%85%94%EC%9D%98-%ED%9A%8C%EC%82%AC-%EA%B0%9C%EC%9A%94-CEO-%EB%B9%84%EC%A0%BC

https://villiv.co.kr/magazine/all/space/2438

https://heundonga.com/entry/%EC%86%8C%EC%85%9C%EB%AF%B8%EB%94%94%EC%96%B4%EC%9D%98-%EC%8B%9C%EC%9E%91-%ED%8E%98%EC%9D%B4%EC%8A%A4%EB%B6%81-%EA%B7%B8-%EC%97%AD%EC%82%AC%EC%99%80-%EC%84%B1%EC%9E%A5-%EA%B7%B8%EB%A6%AC%EA%B3%A0-%EC%9E%A5%EB%8B%A8%EC%A0%90

https://www.sedaily.com/NewsView/2D6Q0F0W46

https://biz.heraldcorp.com/view.php?ud=20240320050855

https://whitebic.tistory.com/entry/%EA%B8%80%EB%A1%9C%EB%B2%8C-%EA%B8%B0%EC%97%85%EB%B6%84%EC%84%9D-1-%EA%B5%AC%EA%B8%80Google%EC%97%90-%EB%8C%80%ED%95%98%EC%97%AC

https://www.aitimes.com/news/articleView.html?idxno=141654

https://www.wineok.com/259595

https://www.visitnapavalley.com/listing/v-sattui-winery/201/

https://en.wikipedia.org/wiki/V._Sattui_Winery

https://www.greatwinecapitals.com/best-of-wine-tourism-awards/v-sattui-winery/

https://brunch.co.kr/@ggulboy/10

https://youlife.tistory.com/56

https://weeklywine.co.kr/product/opus-one-overture-922/10611/

https://www.google.com/maps/contrib/105524991353844374863/place/ChIJE-0hbdNQhIARld4HdY-jChh4/@38.488982,-122.4507089,17z/data=!4m6!1m5!8m4!1e2!2s105524991353844374863!3m1!1e1?entry=ttu

https://www.napawineproject.com/darioush-winery/

https://www.wine21.com/11_news/news_view.html?Idx=18093

https://zrr.kr/bNKf

https://www.duckhorn.com/Our-Story/History

https://www.wineok.com/268178

https://blog.naver.com/lcm58/10077109076

https://www.winegraph.co.kr/wine?wine_id=1040&vintage=All

https://www.wine21.com/14_info/info_view.html?Idx=311

https://triple.guide/attractions/30db6ede-a3ff-4e50-8a21-cf5884db6f69

https://blog.naver.com/PostView.naver?blogId=aaakorea1234&logNo=221310017640&parentCategoryNo=17&categoryNo=92&viewDate=&isShowPopularPosts=false&from=postView

https://www.aesfcampus.or.kr/bbs/board.php?bo_table=universitylist&wr_id=24&sca=%EB%8F%99%EB%B6%80

https://www.atdlines.com/cbr-napa.htm

https://www.winetrain.com/

https://robertmondaviwinery.com/

https://www.grgich.com/our-story/

https://en.wikipedia.org/wiki/Minerva_University

https://en.wikipedia.org/wiki/Stanford_University

https://en.wikipedia.org/wiki/University_of_California,_Berkeley

https://en.wikipedia.org/wiki/Blue_Bottle_Coffee

https://bluebottlecoffee.com/

https://en.wikipedia.org/wiki/Philz_Coffee

https://www.southlakeavenue.org/business-directory/philz-coffee/

https://sightglasscoffee.com/blogs/blog/which-coffee-is-right-for-you

https://sightglasscoffee.com/

https://en.wikipedia.org/wiki/Sausalito,_California

https://en.wikipedia.org/wiki/Muir_Woods_National_Monument

https://en.wikipedia.org/wiki/John_Muir

https://www.pebblebeach.com/golf/the-links-at-spanish-bay/history/

https://www.pebblebeach.com/golf/pebble-beach-golf-links/

https://en.wikipedia.org/wiki/17-Mile_Drive

https://en.wikipedia.org/wiki/PGA_Tour

https://en.wikipedia.org/wiki/Pebble_Beach,_California

https://www.techm.kr/news/articleView.html?idxno=107249

https://post.naver.com/viewer/postView.nhn?volumeNo=19867475&memberNo=12494964

https://moneylogging.tistory.com/entry/%ED%85%8C%EC%8A%AC%EB%9D%BC-%EC%86%8C%EA%B0%9C-%EA%B8%B0%EC%88%A0-%EB%AF%B8%EB%9E%98-%EC%A0%84%EB%A7%9D

https://www.tesla.com/ko_kr/fremont-factory

https://biz.chosun.com/industry/car/2022/10/04/BSJOLPGXMZDMNDIIO7ELODXJWE/

https://www.digitaltoday.co.kr/news/articleView.html?idxno=484183

https://seongyun-dev.tistory.com/50

https://www.tesla.com/findus/location/store/sanfranciscovanness

<https://en.wikipedia.org/wiki/Yosemite_National_Park>

<https://en.wikipedia.org/wiki/Yosemite_National_Park#/media/File:Tunnel_View,_Yosemite_Valley,_
        Yosemite_NP_-_Diliff.jpg>

<https://heritage.unesco.or.kr/%EC%9A%94%EC%84%B8%EB%AF%B8%ED%8B%B0-
        %EA%B5%AD%EB%A6%BD%EA%B3%B5%EC%9B%90/>

<https://www.yosemite.com/things-to-do/leisure-activities/tunnel-view/>

<https://yosemite.org/yosemite-maps-how-to-choose-the-best-map-for-your-trip/>

<https://www.nps.gov/yose/planyourvisit/lowerfalltrail.htm>